Liebe Schülerin, lieber Schüler,

keine Angst vor Textaufgaben! Auch wenn es oft nicht so einfach ist, kann man lernen, mit Textaufgaben gut zurechtzukommen. Dieses Heft kann dir dabei helfen.

Grundsätzlich gilt für alle Textaufgaben:

Lesen – Genaues Lesen hilft Fehler zu vermeiden.

Unterstreichen – Wichtiges wird hervorgehoben.

Fragen – Manchmal musst du die Frage selbst herausfinden.

Rechnen – Schritt für Schritt zum Ziel!

Prüfen – Wenn du die Probe (Umkehraufgabe) machst, kannst du herausfinden, ob du richtig gerechnet hast.

Antworten – Ein Antwortsatz gehört zu jeder Textaufgabe.

Gut erklärte Lösungswege findest du im herausnehmbaren Lösungsteil in der Mitte des Heftes.

Solltest du eine Aufgabe nicht gekonnt haben, dann versuche die Lösung gut zu verstehen. Denke daran, dass du jetzt etwas dazugelernt hast.

Die Farbe der Aufgabennummer zeigt dir den Schwierigkeitsgrad der Aufgabe an – wie bei einer Ampel!

rot = schwierige Aufgabe

orange = mittelschwierige Aufgabe

grün = leichte Aufgabe

Zwischendurch hilft dir das Äffchen Coco mit seinen Tipps.

Viel Erfolg wünscht dir Adolf Hauschka

Erfolgstabelle: Trage in diese Tabelle ein, ob du eine Aufgabe lösen konntest. Wenn du eine Aufgabe nicht oder nicht richtig gerechnet hast, wiederhole sie so oft, bis du sie sicher verstanden hast.

richtig: Markiere ein Feld grün! falsch: Markiere ein Feld rot!

Beispiel:

1			
2			

1				38				75				112				149			
2				39				76				113				150			
3				40				77				114				151			
4				41				78				115				152			
5				42				79				116				153			
6				43				80				117				154			
7				44				81				118				155			
8				45				82				119				156			
9				46				83				120				157			
10				47				84				121				158			
11				48				85				122				159			
12				49				86				123				160			
13				50				87				124				161			
14				51				88				125				162			
15				52				89				126				163			
16				53				90				127				164			
17				54				91				128				165			
18				55				92				129				166			
19				56				93				130				167			
20				57				94				131				168			
21				58				95				132				169			
22				59				96				133				170			
23				60				97				134				171			
24				61				98				135				172			
25				62				99				136				173			
26				63				100				137				174			
27				64				101				138				175			
28				65				102				139				176			
29				66				103				140				177			
30				67				104				141				178			
31				68				105				142				179			
32				69				106				143				180			
33				70				107				144				181			
34				71				108				145				182			
35				72				109				146				183			
36				73				110				147				184			
37				74				111				148							

Die 4. Klasse beginnt

Sachaufgaben zum Wiederholen

1 Eva hat fleißig gespart. Nun lässt sie ihr Sparschwein bei der Bank leeren und möchte ihr Geld in möglichst wenige Scheine und Münzen umgetauscht bekommen.
Ein Beispiel:
Für zwei 5-€-Scheine will sie einen 10-€-Schein haben.

- Wie viel Geld hat sie insgesamt gespart?
- Welche Scheine und welche Münzen bekommt sie?

Lösung: Siehe **1** im herausnehmbaren **Lösungsteil** nach Aufgabe **98**.

2 Frau Häusler kauft folgende Dinge ein: Äpfel für 2,80 €, Bananen für 3,10 €, Gurken für 4,30 €, 1 kg Fleisch für 7,90 € und Wurst für 9,85 €. Sie zahlt mit einem 50-€-Schein.

- Überlege eine passende Frage und rechne dann.

Vergiss nicht einen Antwortsatz zu schreiben.

3 David will seiner Mutter zum Geburtstag einen Blumenstrauß für 18 € und eine Schachtel Pralinen für 12 € schenken. 10 € hat er schon gespart. Von seinem Onkel bekommt er noch 5 €. Er bekommt jede Woche 3 € Taschengeld.

- Nach wie vielen Wochen hat er das Geld zusammen?

4

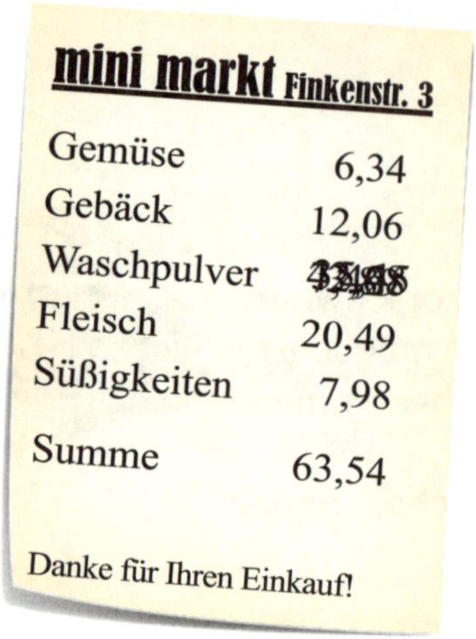

mini markt Finkenstr. 3

Gemüse	6,34
Gebäck	12,06
Waschpulver	[illegible]
Fleisch	20,49
Süßigkeiten	7,98
Summe	63,54

Danke für Ihren Einkauf!

Frau Weiß hat für ihre Nachbarin Frau Braun Waschpulver gekauft. Jedoch hat sie den Preis dafür vergessen. Auf ihrem Kassenzettel ist dummerweise genau dieser Betrag nicht lesbar abgedruckt.

▶ Suche selbst die Frage, rechne und antworte.

Wichtig: Schreibe deutlich, damit du deine Zahlen auch lesen kannst.

5 Herr Jäger kauft einen Tisch für 270 €, 4 Stühle **zu je** 60 € und einen Spiegel für 75 €.

▶ Wie viel Geld bekommt er von 600 € zurück?

6 Frau Klein hat vier Teller und drei Weingläser gekauft. Ein Teller kostet 6 €.

▶ Wie teuer ist ein Weinglas, wenn sie insgesamt 51 € bezahlt hat?

Beachte: Alle Teilungsaufgaben in diesem Lernprogramm gehen auf. Solltest du einen Rest bei der Rechnung haben, versuche zunächst deinen Fehler zu finden, ehe du im Lösungsteil nachsiehst.

7 Auf einer Wiese sind drei Kühe und einige Gänse. Alle Tiere haben zusammen 28 Beine.

▶ Wie viele Gänse sind auf der Wiese?

8 Jonas hat beim Sportfest den Ball 80 m weit geworfen. Sophie hat ihn 50 m weit geworfen. Lauras Ball landete genau zwischen Jonas' und Sophies Ball.

▶ Wie weit ist der Ball von Laura geflogen?

Tipp: Eine **Skizze** kann dir bei der Lösung helfen.

9 Bei einem Wettrennen läuft Leon schneller als Ben, aber nicht so schnell wie Christoph. Lukas läuft schneller als David, aber langsamer als Leon.

▶ Wer belegt den ersten Platz?
▶ Wer belegt den zweiten Platz?

10 Nach einem Wettbewerb stehen die Preisträger in einer Reihe auf der Bühne. Robin ist auch dabei. Klara und Alina sitzen unten und schauen auf die Bühne. Da sagt Klara: „Der Dritte von links ist Robin." Alina sagt: „Der Fünfte von rechts ist Robin."

▶ Wie viele Kinder stehen auf der Bühne, wenn beide Mädchen recht haben?

11 Am Ende des Sportfestes werden Bonbons unter die Kinder geworfen. Julia sammelt 26, Lisa nur 18. Die beiden Freundinnen wollen die Bonbons so aufteilen, dass jede gleich viele hat.

▶ Wie viele Bonbons hat dann jedes Mädchen?
▶ Wie viele Bonbons gibt Julia an Lisa ab?

12 In drei Ställen stehen insgesamt 24 Pferde. Im ersten Stall stehen halb so viele Pferde wie im zweiten Stall. Im dritten Stall stehen so viele Pferde wie im ersten und zweiten Stall zusammen.

▶ Wie viele Pferde stehen in jedem Stall?

13 Ein Wanderer geht in 4 Tagen 100 km. Am ersten geht er 30 km, am zweiten Tag 17 km und am dritten Tag schafft er doppelt so viel wie am zweiten Tag.

▶ Wie viele km geht er am vierten Tag?

14 Hier siehst du ein kniffeliges Rechenrätsel: Jeder Edelstein stellt eine Ziffer dar. Gleiche Steine bedeuten gleiche Ziffern.

▶ Finde heraus, welcher Edelstein für welche Ziffer steht.

5 · 4 = ____

____ + ____ = ____

____ · ____ = ____

____ – ____ = ____

____ : ____ = ____

____ + ____ = ____

____ : ____ = ____

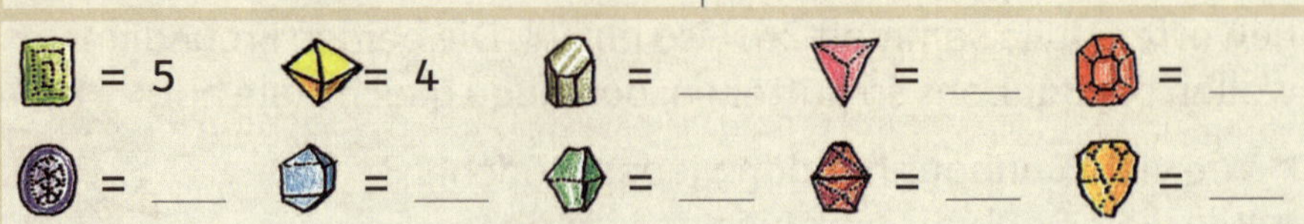

Lies genau – Rechenfragen finden

15 Hanna freut sich: Heute darf sie mit ihren Eltern ins Kino, um den neuen 3-D-Film anzusehen. Um rechtzeitig dort zu sein, gehen sie um 14.55 Uhr los: Sie brauchen zu Fuß nur eine Viertelstunde bis zum Kino.

Auf einer Leinwand können sie sich informieren:

Eintrittspreise:	**Montag bis Freitag:**	**Samstag/Sonntag:**	**3-D-Filme:**
	Kinder: 4 €	Kinder: 6 €	Zuschlag: 1,50 €
	Erwachsene: 7 €	Erwachsene: 7,50 €	

Filme:	**Beginn:**	**Ende:**
Wunderwelten (3-D)	14:45	15:45
Die 12 Einhörner (3-D)	15:00	16:25
Kalles Abenteuer	15:00	16:45
Baumhausjäger (3-D)	15:25	17:20
Alles oder nichts	16:00	18:20

Hannas Vater bezahlt die drei Eintrittskarten am Schalter. Am Kiosk kauft Hannas Mutter drei kalte Getränke zu je 2,50 €, eine Tüte Popcorn zu 3,80 € und eine Packung Gummibärchen. Sie bezahlt mit einem 20-€-Schein.

Jetzt geht der Film los! Hanna ist begeistert.

- Drei Fragen kannst du beantworten. Kreuze an und rechne aus.
- Bei den Fragen, die du **nicht** beantworten kannst, überlege: Welche Information fehlt?

◯ Um wie viel Uhr kommen Hanna und ihre Eltern im Kino an?

◯ Wie viel bezahlt Hannas Vater für die drei Eintrittskarten?

◯ Wie lange dauert der Film „Alles oder nichts"?

◯ Wie viel Geld bekommt Hannas Mutter am Kiosk zurück?

◯ Welchen Film sehen sich Hanna und ihre Eltern an?

Einfache Zahlenrätsel

Addieren,
verdoppeln, 3-Fache, 5. Teil,
Summe ...
Wer kennt sich da noch aus?
Alle Fachbegriffe findest du am Ende des
Heftes erklärt.

16 Addiere zum Doppelten von 30 den 4. Teil von 36.

17 Dividiere 180 durch 6 und addiere den dritten Teil von 240.

18 Addiere zum Fünffachen von 40 das Doppelte von 50 und ziehe vom Ergebnis die Hälfte der kleinsten dreistelligen Zahl ab.

19 Wie viel musst du zu 241 dazuzählen, damit du das 6-Fache von 90 erhältst? Ein Streifenmodell kann dir helfen:

241	?
6 · 90 =	

20 Welchen Weg muss Julius durch das Labyrinth gehen, wenn er am Ziel die Summe 1000 erreicht haben soll?

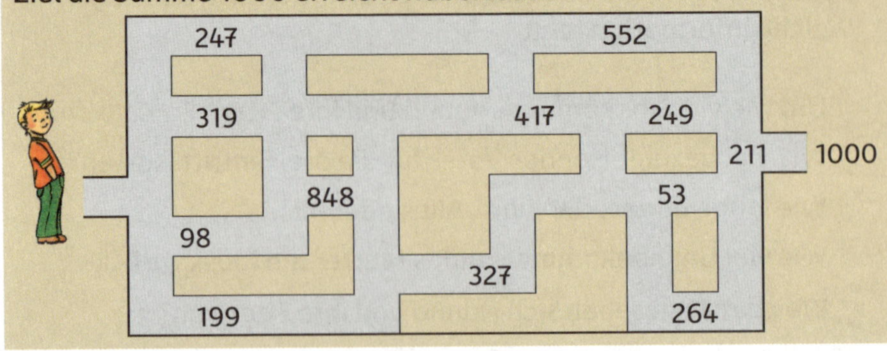

21 Addiere die Zahlen 295 und 173 und subtrahiere das Ergebnis vom Unterschied (Differenz) der Zahlen 806 und 97.
▶ Wie viel fehlt noch bis 500?

22 Bilde aus den Ziffern 1, 3, 4, 6, 7 und 9 zwei 3-stellige Zahlen. Wenn du den Unterschied (die Differenz) der beiden Zahlen berechnest, soll dieser Unterschied möglichst groß sein. Wichtig: Jede Ziffer muss genau einmal verwendet werden.
▶ Wie groß ist dieser Unterschied?

23 Von welcher Zahl musst du den 7. Teil von 210 subtrahieren, um den 6. Teil von 360 zu erhalten?

24 Drei Zahlen ergeben zusammen 1000. Die erste Zahl heißt 285, die zweite ist um 173 größer als die erste. Wie groß ist die dritte Zahl?

25 Rechenfitness: Setze in die Kreise die Rechenzeichen **+**, **–**, **·** und **:** so ein, dass richtige Aufgaben entstehen.

56 = 7 ◯ 8	6 ◯ 9 ◯ 8 = 62
63 ◯ 9 ◯ 12 = 19	34 = 7 ◯ 6 ◯ 8
26 = 80 ◯ 4 ◯ 9 ◯ 3	9 ◯ 8 ◯ 7 ◯ 6 = 73

26 Schreibe alle dreistelligen Zahlen auf, die man aus den Ziffern 2, 3 und 4 bilden kann. Jede der drei Ziffern muss in jeder Zahl vorkommen.

27 Setze die Zahlenfolge mit den nächsten Zahlen fort:

115, 118, 110, 113, 105, ____, ____,

Zauberei und Knobelei

28 Jetzt darfst du einmal selbst eine Aufgabe stellen. Lass einfach deine Eltern, Geschwister oder Freunde rechnen. Diese werden staunen, dass du ihr Rechenergebnis immer „erraten" kannst.

- Sage ihnen: „Denke dir eine dreistellige Zahl, die du mir nicht verraten darfst. Die erste Ziffer muss um mindestens 2 größer sein als die letzte!
- Schreibe die Zahl in umgekehrter Reihenfolge (zum Beispiel aus 714 wird 417) darunter. Ziehe diese 2. Zahl von der ersten ab.
- Schreibe das Ergebnis in umgekehrter Reihenfolge darunter, und zähle die beiden Zahlen zusammen!"

Obwohl du ihre Zahl nicht kennst, kannst du ihnen das Ergebnis sagen: Es lautet **immer 1089**, egal welche Zahl sie wählen:

Ein Beispiel:

$$\begin{array}{r} 714 \\ -\ 417 \\ \hline 297 \\ +\ 792 \\ \hline \mathbf{1089} \end{array}$$

(7 ist um mindestens 2 größer als 4.)

Noch ein Beispiel:

$$\begin{array}{r} 907 \\ -\ 709 \\ \hline 198 \\ +\ 891 \\ \hline \mathbf{1089} \end{array}$$

(9 ist um mindestens 2 größer als 7.)

29 Zwei Väter und zwei Söhne sind auf einer Geburtstagsfeier eingeladen. Jeder isst ein ganzes Stück Torte. Sie haben zusammen aber nur 3 Tortenstücke gegessen.

- Wie kann das sein?

30 Wie viele Gänse gehen hier im Gänsemarsch spazieren? Drei Gänse gehen hinter zweien, eine geht vor vieren und eine geht vor und zugleich hinter zweien.

Jetzt wird es komplizierter

Verschiedene Aufgabenarten kennenlernen

31 Ein 30 m langer Stamm wird durch 5 Schnitte in gleich lange Teile zersägt.

- Zeichne die Schnitte ein.
- Wie lang ist ein Teil?

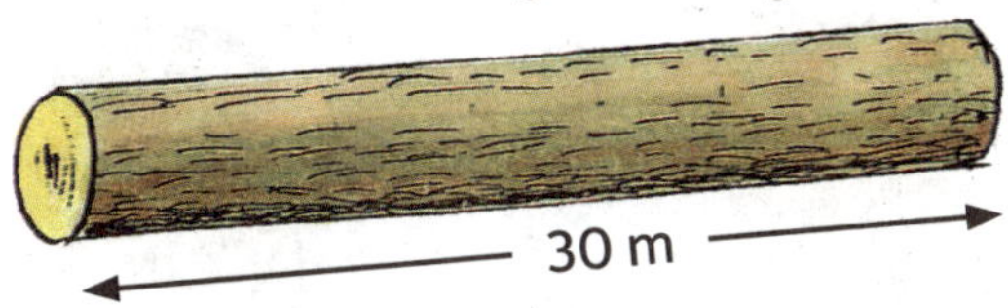

32 Es wurden 3 gleich lange Baumstämme einzeln zersägt. Dabei entstanden 15 gleich lange Teile.

- Wie oft musste man sägen?

33 Mehrere gleich lange Bretter wurden immer durch **drei Schnitte** zersägt. Jetzt ist jedes Stück 2 m lang. Es sind 28 Stücke geworden.

- Zeichne die drei Schnitte in dieses Brett ein:

- Wie lang war jedes einzelne Brett?
- Wie viele Bretter waren es?

34

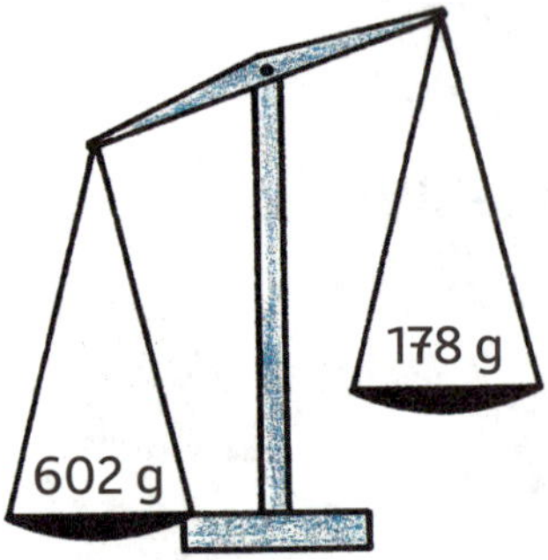

Auf der **linken** Schale einer Waage liegen **602 g**, auf der **rechten 178 g**.

▶ Wie viel Gramm muss man von der linken Schale wegnehmen und auf die rechte Seite legen, damit die Waage im Gleichgewicht ist?

Wichtig: Schreibe deutlich, damit du deine Zahlen auch lesen kannst.

35 Drei Fässer sind mit Wasser gefüllt. Im ersten Fass sind 150 l, im zweiten Fass 98 l und im dritten Fass 22 l.

Justin soll das Wasser so verteilen, dass in jedem Fass gleich viel ist.

▶ Wie viel Liter muss er dann aus dem ersten und zweiten Fass in das dritte Fass umfüllen?

36

Rechenfitness: Welche Zahlen fehlen?

	1		3
+	6	6	
		5	2

		2	4
+	6		
	9	2	1

	4	0	
–		1	7
	2		6

Tipp: Überprüfe dein Ergebnis mit der Umkehraufgabe/Probe.

Wenn man einen teuren Gegenstand kauft, gibt es oft die Möglichkeit, nur einen Teil des Kaufpreises anzuzahlen und den Restbetrag in gleichen Teilbeträgen Monat für Monat zu bezahlen.

Diesen monatlich bezahlten **Teilbetrag** nennt man **Monatsrate**.

37 Herr Kramer kauft eine Geschirrspülmaschine, die 760 € kostet. Einen bestimmten Betrag zahlt er gleich an. Den Rest zahlt er in 8 Monatsraten zu je 70 €.

▶ Wie groß ist der Betrag, den er angezahlt hat?

38 Marie kauft mit ihrem Vater neue Möbel für ihr Zimmer ein. Alles zusammen kostet 960 €. Der Vater zahlt 400 € an. Den Rest überweist er in Monatsraten zu je 80 €.

▶ Wie viele Monate dauert die Ratenzahlung?

39 Niko bekommt ein neues Fahrrad. 50 € muss er von seinem Sparbuch bezahlen. Den Rest zahlen seine Eltern in 7 Monatsraten zu je 30 €.

▶ Schreibe Frage, Rechnung und Antwort auf.

10 – 2 = 8

8 : 2 (*Lola und Coco*) = 4
4 Klötze hat Lola.

4 + 2 = 6
6 Klötze hat Coco.

40 In der Klasse 4a sind 24 Kinder. Es sind 4 Jungen **mehr** als Mädchen.

▸ Wie viele Mädchen und wie viele Jungen sind in der Klasse?

Überlege: Wären es **4 Jungen weniger**, dann wären die **übrigen Kinder** gleich viele Jungen wie Mädchen. Sieh dir auch das Beispiel oben genau an!

41 Sophie und Anna haben zusammen 140 € gespart.
Sophie hat 20 € mehr gespart als Anna.

▸ Finde die Frage, rechne und antworte.

42 Wenn man das Alter der Familie Forster (Vater, Mutter, Tochter und Sohn) zusammenzählt, dann erhält man die Zahl 97.
Die Mutter ist 5 Jahre jünger als der Vater.
Beide zusammen sind 77 Jahre alt.
Der Sohn und die Mutter sind zusammen 45 Jahre alt.

▸ Wie alt sind die einzelnen Familienmitglieder?

43 Mia bezahlt für drei Kugeln Eis 2,70 €. Max lässt sich 5 Kugeln geben.

▶ Was muss Max bezahlen?

Kugeln		$:3 \rightarrow$		$\cdot 5 \rightarrow$	
Preis	2,70 €	$:3 \rightarrow$	?	$\cdot 5 \rightarrow$	?

44 Herr Brauer kauft im Getränkemarkt ein.
Acht Kästen Mineralwasser kosten **72 €**.

▶ Was muss Herr Brauer für **7 Kästen** Mineralwasser bezahlen?

45 Klara braucht 12 neue Hefte. Anna sagt: „Ich habe im Schreibwarenladen für 4 Hefte 1,60 € bezahlt.“ Luisa erzählt: „Im Großmarkt kosten 6 Hefte 3 €.“

▶ In welchem Laden ist das Angebot günstiger?
▶ Wie viel spart Klara bei ihrem Einkauf dort?

46 Um ein großes Wasserbecken leerzupumpen, brauchen 3 gleich starke Pumpen 6 Stunden.

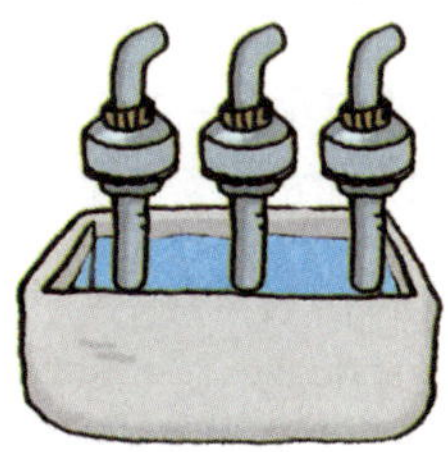

▶ Wie lange würde 1 Pumpe brauchen?
▶ Wie lange würden 2 Pumpen brauchen?

47

▶ Wie viele Bonbons hat **Lola**, wie viele Bonbons hat **Coco**? Rechne.

Tipp: Zeichne oben die 18 Bonbons passend in die drei Kreise. Rechne zur Kontrolle die Probe.

48 Auf einem Spielplatz sind 27 Kinder. Es sind **doppelt so viele Jungen** wie **Mädchen** dort beim Spielen.

▶ Wie viele Jungen und wie viele Mädchen sind dort?

49 Marie denkt sich eine Zahl. Diese ist 8-mal so groß wie die Zahl, die sich Ben ausgedacht hat. Beide Zahlen zusammen ergeben 450.

▶ Wie heißen die beiden Zahlen?

50 Von drei Zahlen sind die erste und die zweite gleich groß. Die dritte Zahl ist doppelt so groß wie die erste Zahl. Alle drei Zahlen zusammen ergeben 360.

◯ + ◯ + ◯◯ = 360

1. Zahl   2. Zahl   3. Zahl

▶ Wie heißen die drei Zahlen?

Solltest du diese Aufgabe nicht gekonnt haben, dann versuche die Lösung gut zu verstehen. Denke daran, dass du ja jetzt etwas dazugelernt hast.

Mit Hilfe von Pfeilbildern kannst du die nächsten Aufgaben gut lösen. Schreibe zu jedem Pfeil die entsprechende Rechenoperation und in die Kästchen die Zwischenergebnisse. Wenn du mit dem **Ergebnis beginnst** und von hier aus **rückwärts** die **Umkehraufgabe** rechnest, findest du die Lösung.

51 Ergänze das Pfeilbild (die Rechenkette).

50	→	☐	+ →	☐	: 10 →	☐	→	1
	← : 9		←		←		← + 99	

52 Anna hat in ihrer Spardose schon einiges Geld gespart. Sie kauft sich jetzt für 7 € ein Buch. Am nächsten Tag bekommt sie 10 € Taschengeld, das sie in die Spardose steckt. Eine Woche später nimmt sie die Hälfte ihres gesparten Geldes und kauft für ihre Mutter einen Blumenstrauß. 3 Tage danach bekommt sie von ihrer Oma 30 € zum Geburtstag geschenkt und hat jetzt insgesamt 45 €.

▶ Wie viel Geld hatte sie zu Beginn in ihrer Spardose?

Tipp: Unterstreiche wichtige Informationen! Mehr Pfeilbilder findest du ab Aufgabe 71.

☐	− 7 € →	☐	+ 10 € →	☐	: 2 →	15 €	+ 30 € →	45 €
	←		←		← · 2		← − 30 €	

53 Sarah sagt: „Ich habe genauso viele Schwestern wie Brüder.“ Robin, Sarahs Bruder, sagt: „Hätte ich einen Bruder mehr, wären wir gleich viele Mädchen wie Jungen in der Familie. Hätte ich einen weniger, dann hätte ich keinen.“

▶ Wie viele Mädchen und Jungen gibt es in der Familie?

Tipp: Beginne mit Robin. Mache eine Zeichnung.

Aufgaben mit Abständen sind nicht so einfach. Hier kann dir eine **Zeichnung** helfen.

Ich habe **6 Latten**, aber nur **5 Abstände**!

54 Ein Gartentor muss neu gemacht werden.

▶ Wie breit wird dieses, wenn Herr Hoffmann 6 Latten verwendet, die jeweils 10 cm breit sind und der Abstand von einer Latte zur anderen 7 cm sein soll?

55 An einem 72 m langen Weg wachsen auf beiden Seiten Bäume, die jeweils im Abstand von 9 m gepflanzt worden sind.

▶ Wie viele Bäume sind es insgesamt, wenn am **Anfang und** am **Ende** des Weges auch Bäume stehen?

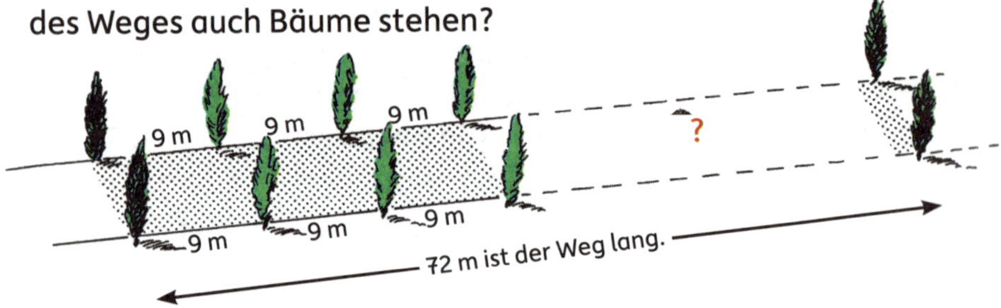

56 An einer Straßenseite stehen in immer gleichen Abständen Laternen. Von der ersten Laterne bis zur zehnten Laterne sind es 630 m.

▶ Wie weit ist es von der ersten Laterne bis zur fünften Laterne und wie weit von der fünften Laterne bis zur zehnten Laterne?

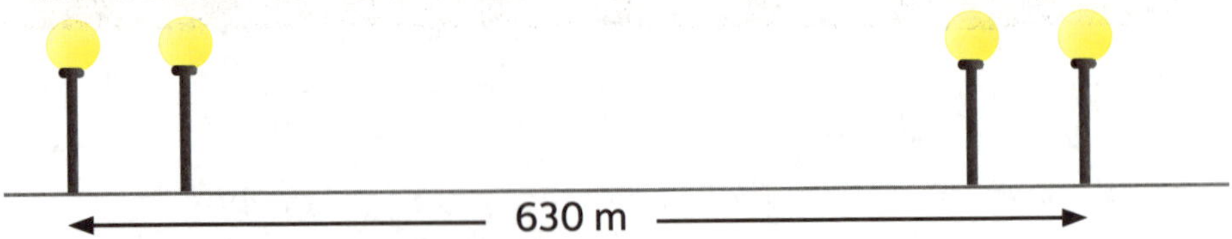

Tipp: Ergänze die Skizze und überlege genau.

Knobelei und Kombinatorik

57 Paul ist größer als Yannik, aber kleiner als Linus. Hannes ist kleiner als Linus, aber größer als Paul. Felix ist größer als Hannes, aber kleiner als Linus.

▶ Schreibe die Namen der Jungen der Größe nach auf.

58 Chiara hat ihr Fahrrad mit einem **dreistelligen** Zahlenschloss versperrt. Leider hat sie die Reihenfolge der Nummer vergessen. Sie weiß aber, dass die Ziffern 2, 5 und 9 vorkommen.

▶ Wie viele Versuche muss sie höchstens machen, um das Schloss öffnen zu können?

59 Hasan und Arian gehen ins Kino. In ihrer Sitzreihe sind noch **4 Plätze** nebeneinander frei, auf die sich die beiden setzen können.

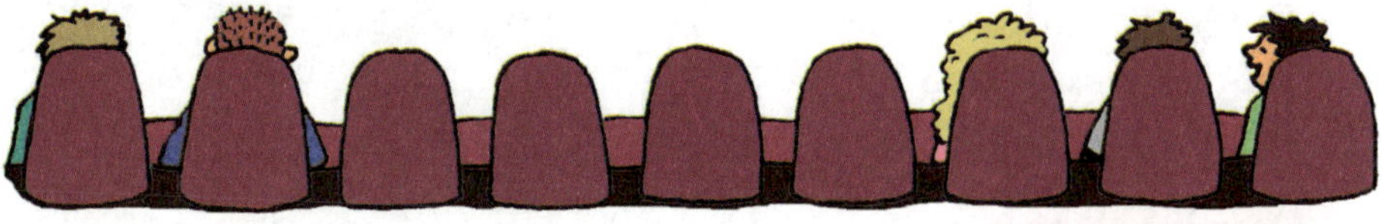

▶ Es gibt für die beiden **12 Sitzmöglichkeiten**. Schreibe sie in einer Tabelle auf:

▶ Wie viele Möglichkeiten sind es, wenn sie direkt nebeneinander sitzen möchten?

1.	H	A		
2.	H		A	
3.				

Gemischte Sachaufgaben

60 In der Schulpause haben 130 Kinder nur Kakao gekauft. 40 Kinder haben je eine Flasche Kakao und eine Flasche Milch gekauft. Es wurden insgesamt 280 Flaschen verkauft.

▸ Wie viele Kinder haben nur Milch gekauft?

61 Beim Bogenschießen ist das Ziel 50 m entfernt. Michael schießt um 6 m zu weit, Felix nur halb so weit wie Michael.

▸ Wie viele m vor dem Ziel ist der Pfeil von Felix aufgetroffen?

62 Jessica und ihr Bruder Lukas haben zusammen 29 € gespart. Lukas hat 5 € mehr gespart als Jessica.

▸ Wie viel Geld hat jedes Kind gespart?

Schwierig? Dann sieh dir die Aufgaben ab Nummer **40** noch einmal an.

63 Optische Täuschung:

Schau auf den schwarzen Punkt in der Mitte der Kreise und bewege das Bild auf deine Augen zu, dann wieder weg.

Was passiert?

Tipp: Zeige dieses Bild einmal deinen Freunden. Sie werden überrascht sein!

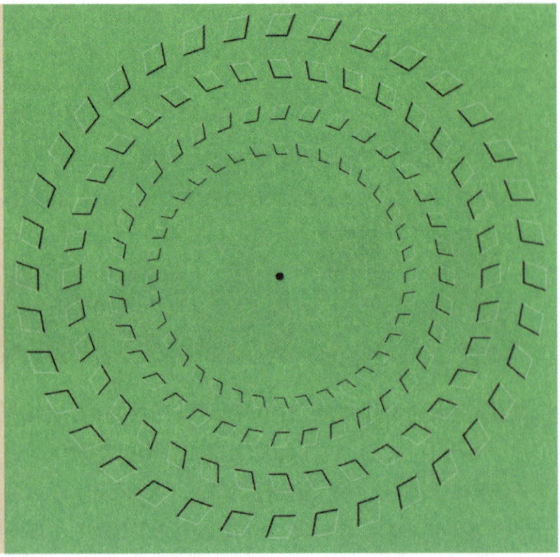

64 Herr Schneider geht mit seiner Familie in den Zirkus. Er bezahlt für sich, für seine Frau und die beiden Kinder Lena und Felix insgesamt 34 €. Auch Herr und Frau Becker gehen mit ihrem Sohn Alexander in den gleichen Zirkus und bezahlen insgesamt 29 €.

▶ Wie viel kostet der Eintritt für ein Kind, wie viel für einen Erwachsenen?

Ähnliche Aufgaben findest du bei den Nummern **162** und **171**.

65 Lea hat drei direkt **untereinander**stehende Zahlen in der nebenstehenden Hundertertafel addiert. Die Summe dieser drei Zahlen ist 237.

▶ Wie heißen diese drei Zahlen?

+
237

1	2	3	4	5	6	7	8	9	10
11	12	13	14	15	16	17	18	19	20
21	22	23	24	25	26	27	28	29	30
31	32	33	34	35	36	37	38	39	40
41	42	43	44	45	46	47	48	49	50
51	52	53	54	55	56	57	58	59	60
61	62	63	64	65	66	67	68	69	70
71	72	73	74	75	76	77	78	79	80
81	82	83	84	85	86	87	88	89	90
91	92	93	94	95	96	97	98	99	100

66 Ein Sportfachgeschäft hat 2 Kisten **und** drei Schachteln mit Tennisbällen geliefert bekommen. In einer Kiste befinden sich 4 Schachteln. In einer Schachtel sind 8 Beutel mit jeweils 5 Tennisbällen.

▶ Wie viele Tennisbälle hat das Sportfachgeschäft bekommen?

Tipp: Lies genau und unterstreiche die wichtigen Informationen.

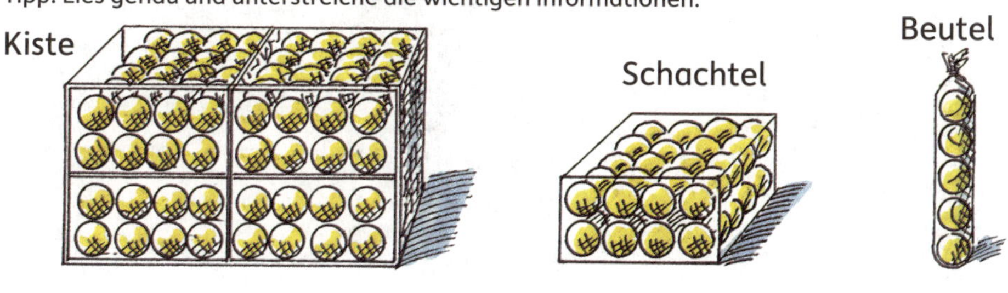

Zahlenreihen und Zahlenrätsel bis 1000

67 Setze die Zahlenfolge jeweils um drei Glieder fort.

2, 6, 5, 15, 13, 39, 36, ____, ____, ____

935, 923, 927, 914, 918, 904, ____, ____, ____

1, 4, 10, 22, 46, ____, ____, ____

68 Gib alle zweistelligen Zahlen an, bei denen die Einerstelle um mindestens 5 größer ist als die Zehnerstelle.

▸ Suche die restlichen 7 Zahlen.

16 17 ____ ____ 27 ____ ____ ____ ____ ____

69 Warum passen die eingekreisten Zahlen in der jeweiligen Reihe nicht zu den anderen Zahlen?

12 44 (17) 26 84 ____

9 25 36 (21) 81 ____

18 (34) 42 24 54 ____

70 So stimmt die Aufgabe nicht!
Wenn du aber **ein** Streichholz **umlegst**, dann stimmt die Rechnung.

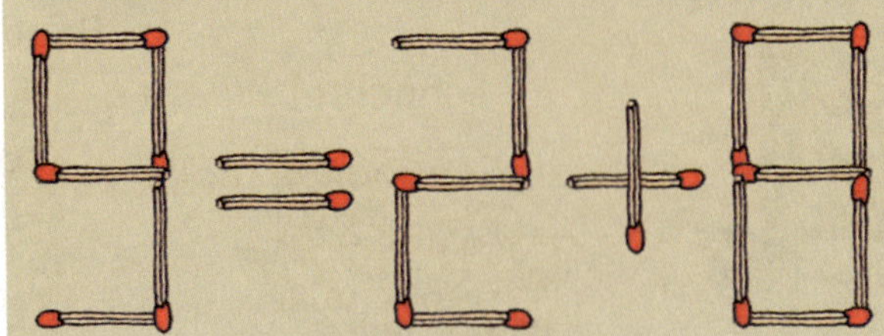

Pfeilbilder/ Rechenketten können dir beim Lösen helfen: Rechne **von rechts nach links**!

Bei Zahlenrätseln musst du oft eine oder mehrere **Umkehraufgaben** rechnen.

71 Ich denke mir eine Zahl, multipliziere sie mit 8, subtrahiere dann 12, dividiere das Ergebnis durch 6 und erhalte dann 10.

▶ Wie heißt meine Zahl? Löse die Aufgabe mit Hilfe des Pfeilbildes.

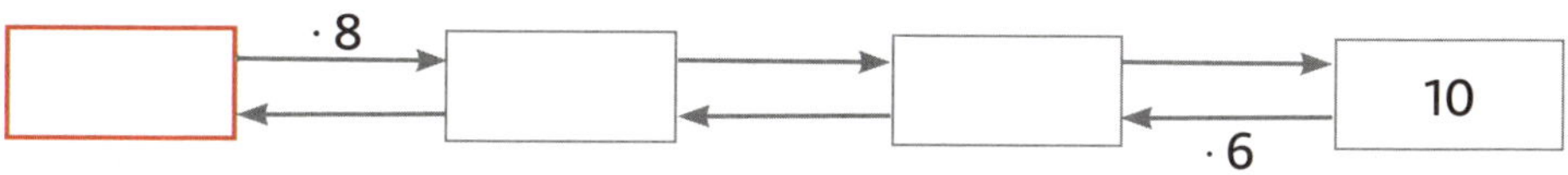

Tipp: Mathematische Begriffe kannst du nach Aufgabe **184** nachsehen.

72 Wenn ich zum sechsten Teil meiner Zahl das Dreifache von 9 addiere und das Ergebnis durch 5 dividiere erhalte ich die Zahl 7.

▶ Wie heißt meine Zahl? Du kannst dir selbst ein Pfeilbild zeichnen.

73 Lisa sagt: „Ich denke mir eine Zahl. Wenn ich zu dieser Zahl 31 addiere, dann das Ergebnis verdopple und von diesem neuen Ergebnis 90 subtrahiere, erhalte ich 50."

▶ Wie heißt Lisas Zahl?

74 Wenn ich von meiner Zahl die Summe aus 515 und 172 subtrahiere, erhalte ich das 3-Fache der kleinsten 3-stelligen Zahl.

▶ Wie heißt meine Zahl?

Sachaufgaben mit großen Zahlen

75 Herr Gruber kauft sich ein neues Auto für 39 200 €. Zusätzlich kauft er 4 neue Winterreifen, die insgesamt 816 € kosten. Für sein altes Auto bekommt er noch 9700 €.

▶ Finde die Frage, rechne und schreibe einen Antwortsatz.

76 Herr und Frau Kluge fahren für eine Woche in den Urlaub. Die Bahnfahrt kostet für jeden 123 €. Für Unterkunft und Verpflegung muss jede Person 80 € pro Tag zahlen. Die Nebenkosten für das Ehepaar belaufen sich auf 165 €. Die beiden nehmen 1700 € mit.

▶ Wie viel Geld bleibt übrig, wenn sie sich noch ein Bild für 98 € kaufen?

Wichtig: Lies Sachaufgaben immer ganz genau und unterstreiche wichtige Informationen.

77 Im ersten Kessel sind 4230 l Wasser. In einem zweiten Kessel sind 875 l weniger. Nun werden 950 l vom ersten in den zweiten Kessel gepumpt.

▶ Wie viel l enthält jetzt der **zweite** Kessel **mehr** als der erste Kessel?

Tipp: Eine Skizze kann dir helfen.

78 Auf der linken Schale einer Waage liegen 1428 g. Da auf der rechten Waagschale weniger liegen, werden so viel Gramm weggenommen und auf die rechte Schale gelegt, bis Gleichgewicht entsteht. Jetzt liegen auf jeder Schale 1094 g.

▶ Wie viel Gramm lagen vorher auf der rechten Waagschale?

Schwierig? Dann löse zuerst die Aufgaben 34 und 35.

79 Familie Bergmann fährt am Wochenende mit dem Auto in den Zoo. Bei der Abfahrt zeigt der Kilometerzähler 99 878 km an. Als sie wieder zu Hause sind, steht der Kilometerzähler genau auf 100 000 km.

▶ Wie weit ist es von zu Hause bis zum Zoo?

80 In der Tabelle siehst du eine Übersicht, wie viele Plätze es in großen deutschen Stadien gibt.

München	71 137	Frankfurt	51 500
Köln	50 374	Berlin	74 649
Dresden	32 066	Erfurt	19 439

a) In Köln, Dresden und Frankfurt gab es ein Fußballspiel. Insgesamt kamen 128 206 Zuschauer.

▶ Wie viele Plätze waren in Köln noch frei, wenn die Stadien in Dresden und Frankfurt ausverkauft waren?

b) An einem Spieltag gab es in drei Stadien gleichzeitig ein Fußballspiel. Alle drei Stadien waren ausverkauft: Insgesamt kamen 177 852 Zuschauer.

▶ In welchen drei Stadien wurde gespielt?

81 In einer Stadt lebten zu Beginn des Jahres 120 075 Menschen. Am Ende des Jahres werden folgende Zahlen ausgewertet: 6324 Menschen sind gestorben, 3687 Kinder wurden geboren. 2476 Menschen zogen weg, doppelt so viele zogen in die Stadt.

▶ Wie viele Menschen sind es am Jahresende weniger?
▶ Wie viele Menschen wohnen am Ende des Jahres in der Stadt?

Zahlenrätsel mit großen Zahlen

82 Welche von diesen Zahlen

4186	**9043**	**5157**	**6282**	**8362**

hat folgende Eigenschaften:

a) Die Zahl ist ungerade und hat zwei gleiche Ziffern: ______

b) Die Zahl ist gerade und die Ziffer an der Zehnerstelle ist doppelt so groß wie die Ziffer an der Hunderterstelle: ______

c) Die Zahl ist gerade und die Ziffer an der Tausenderstelle ist dreimal so groß wie die Ziffer an der Einerstelle: ______

83 Wie heißt die größte Zahl, die kleiner als 100 000 ist und nur aus **verschiedenen ungeraden** Ziffern besteht?

84 Schreibe die größte fünfstellige Zahl auf, die ungerade ist und die Ziffern 2, 4, 6, 7 und 9 enthält.

85 Welche Zahl musst du vom Doppelten von 6183 abziehen, damit du die zweitgrößte dreistellige Zahl erhältst?

86 Wenn du von der gesuchten Zahl die Summe aus 45 387, 12 344 und 91 439 subtrahierst, erhältst du die Hälfte der kleinsten fünfstelligen Zahl.

Knobelei und Kombinatorik

87 Im Keller von Frau Schuster stehen je 15 blaue und 15 grüne Teller. Tim soll 6 Teller von der gleichen Farbe holen. Da im Keller kein Licht brennt, kann er die Farben der Teller nicht sehen.

▶ Wie viele Teller muss er mindestens herauftragen, damit er sicher **6 Teller einer Farbe** hat und er nur einmal in den Keller gehen muss?

88 Weißt du, wie diese 3 Mädchen heißen?

▶ Male ihre Haare, Shirts, Hosen und Schuhe in der richtigen Farbe an und schreibe ihre Namen dazu.

Sarah hat eine blaue Hose an und steht neben dem Mädchen mit den schwarzen Haaren.

Alina trägt braune Schuhe, hat eine grüne Hose an und ist am weitesten von Lara entfernt.

Das Mädchen, das rote Haare hat, heißt Lara und trägt ein rotes Shirt.

Das Mädchen, das schwarze Schuhe trägt, hat ein gelbes Shirt an und steht neben dem Mädchen, das ein orangefarbenes Shirt trägt.

Lara steht ganz links und hat grüne Schuhe an.

Das Mädchen mit den braunen Haaren steht neben dem Mädchen mit der braunen Hose.

Schriftliche Multiplikation

89 Herr Schmitz kauft sich ein Sofa, drei Sessel und eine Stehlampe. Das Sofa kostet 1687 €, jeder Sessel 573 € und die Stehlampe 318 €. Herr Schmitz hat 4000 € gespart.

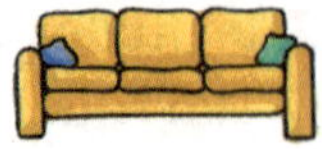

▶ Wie viel Geld bleibt ihm von den 4000 € noch übrig?

Tipp: Übe regelmäßig das Einmaleins. Das kannst du auch mit der Lernhilfe **652: Einmaleins**!

90 In einem Autotank befinden sich 45 Liter Benzin. Mit 1 Liter kann man 12 km weit fahren.

▶ Reicht diese Benzinmenge für eine Strecke von 500 km?

91 Eine Schule kauft für 500 € Bälle: Sie kauft 8 Basketbälle zu je 23 €, 7 Volleybälle zu je 16 € und 6 Fußbälle zu je 19 €. Für den Rest des Geldes kauft sie Wurfbälle zu 10 € je Stück.

▶ Wie viele Wurfbälle hat sie eingekauft?

Beachte: 8 Basektbälle **zu je 23 €** bedeutet, dass **ein** Basketball **23 €** kostet.

92 Familie Fröhlich will eine Tiefkühltruhe kaufen, die bei Barzahlung 930 € kostet. Da Familie Fröhlich zur Zeit knapp bei Kasse ist, entscheidet sie sich für eine Ratenzahlung. Sie zahlt 200 € an und den Rest in 9 Monatsraten zu je 87 €.

▶ Wie viel Geld hätte sich Familie Fröhlich gespart, wenn sie bar bezahlt hätte?

Mehr Aufgaben zu Ratenzahlungen findest du ab Aufgabe **51**.

93 Kannst du diese Knobelaufgabe lösen?

▶ Verwende nur die Zahlen von 1 bis 10.

5 + ____ = ____

____ : ____ = ____

____ − ____ = ____

____ · ____ = ____

____ − ____ = ____

94 Herr Schreiner will an einer Längsseite seines Gartens einen Zaun anbringen. Er braucht dafür 40 Latten, die jeweils 9 cm breit sind.

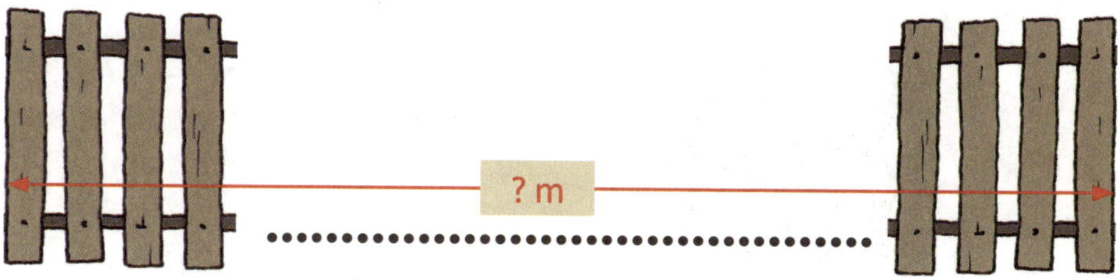

▶ Wie lang wird der Zaun werden, wenn der Abstand zwischen den Zaunlatten 6 cm sein soll? Gib das Ergebnis in cm an.

Schwierig? Schau dir doch die Aufgaben 54 bis 56 an.

95 Bei einem Fußballspiel werden 18 520 Stehplatzkarten zu je 15 €, 9416 Sitzplatzkarten zu je 27 € und 4225 Haupttribünenkarten zu je 40 € verkauft.

a) Wie hoch war die Gesamteinnahme?

b) Wie viele Karten wurden insgesamt verkauft?

c) Wie viele Plätze blieben leer, wenn das Stadion 50 000 Plätze hat?

96 Ein Süßwarengeschäft hat 3 **Kisten** und 4 **Schachteln** mit Schokoriegeln geliefert bekommen. In einer Schachtel sind 7 **Päckchen** mit jeweils 5 **Schokoriegeln**. In einer Kiste befinden sich 6 Schachteln.

- Finde die Frage, rechne und antworte.

97 Zu einem Konzert, das in einem Saal mit 450 Plätzen stattfindet, sind 205 Frauen, 183 Männer und außerdem noch Kinder erschienen.

- Wie viele Kinder sind im Konzertsaal, wenn 28 Plätze leer sind?
- Wie viel Geld haben die Konzertbesucher insgesamt bezahlt, wenn eine Karte für einen Erwachsenen 15 € und für ein Kind 7 € gekostet hat?

98 Male die Kreise bunt an:
rot, **blau**, **gelb**, **grün**, **braun**.

19

Textaufgaben

4. Klasse

Lösungen

Dieser Lösungsteil ist herausnehmbar!
Klammern in der Mitte des Heftes öffnen!

1 Eva hat 61,25 € gespart. Sie bekommt diese Scheine und diese Münzen:

2 Frage: Wie viel Geld bekommt Frau Häusler zurück?

2,80 € (Äpfel)
3,10 € (Bananen)
4,30 € (Gurken)
7,90 € (Fleisch)
+ 9,85 € (Wurst)
27,95 € (kostet alles zusammen)

50,00 € (gibt Frau Häusler)
− 27,95 € (kostet alles zusammen)
22,05 € (Rückgeld)

Frau Häusler bekommt 22,05 € zurück.

3

18 € (Blumenstrauß)
+12 € (Pralinen)
30 € (kostet alles zusammen)

10 € (gespart)
+ 5 € (von Onkel)
15 € (hat er schon)

30€ (kostet alles zusammen)
−15€ (hat er schon)
15€ (muss er noch sparen)

15 € : 3 € = 5 (Wochen, die er sparen muss)

Nach 5 Wochen hat er das Geld zusammen.

4 Frage: Wie viel kostet das Waschpulver?

6,34 €
12,06 €
20,49 €
+ 7,98 €
46,87 €

63,54 € (Rechnungsbetrag)
−46,87 € (Ausgaben ohne Waschpulver)
16,67 € (Waschpulver)

Das Waschpulver kostet 16,67 €.

5 Preis für 4 Stühle:
60 € · 4 = 240 €

270 € (Tisch)
240 € (Stühle)
+ 75 € (Spiegel)
585 € (Gesamtpreis)

600 €
−585 €
15 €

Herr Jäger bekommt 15 € zurück.

6 Preis für 4 Teller:
6 € · 4 = 24 €

51 € (Gesamtkosten)
−24 € (Preis für 4 Teller)
27 € (Preis für 3 Weingläser)

27 € : 3 = 9 €

Ein Weinglas kostet 9 €.

7 3 · 4 Beine = 12 Beine (haben die Kühe zusammen)

$$\begin{array}{rl} 28 & \text{(Beine insgesamt)} \\ -12 & \text{(Beine der Kühe)} \\ \hline 16 & \text{(Beine von allen Gänsen zusammen)} \end{array}$$

16 : 2 = 8
8 Gänse sind auf der Wiese.

8 80 m – 50 m = 30 m ⟶ 30 m : 2 = 15 m ⟶ 50 m + 15 m = 65 m

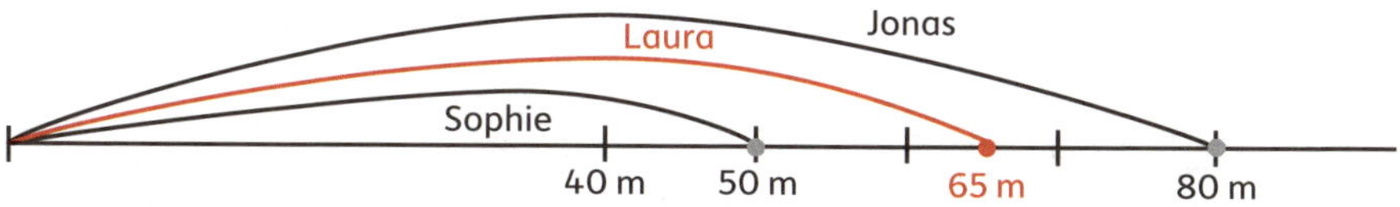

Lauras Ball ist 65 m weit geflogen.

9 Den 1. Platz belegt Christoph und den 2. Platz belegt Leon.

10

Auf der Bühne stehen 7 Kinder.

1. 2. 3.
5. 4. 3. 2. 1.

11

$$\begin{array}{rl} 26 & \text{(Bonbons von Julia)} \\ +18 & \text{(Bonbons von Lisa)} \\ \hline 44 & \text{(alle Bonbons zusammen)} \end{array}$$

44 : 2 = 22 → 26 – 22 = 4

Jedes Mädchen hat nach der Verteilung 22 Bonbons. Julia gibt 4 Bonbons an Lisa ab.

12

erster Stall		zweiter Stall		dritter Stall	
$\frac{1}{2}$	+	1	+	$1\frac{1}{2}$	= 3

24 : 3 = 8 Pferde (im zweiten Stall)
8 : 2 = 4 Pferde (im ersten Stall)
4 + 8 = 12 Pferde (im dritten Stall)

13

100 km			
30 km	17 km	2 · 17 km = 34 km	19 km
erster Tag	zweiter Tag	dritter Tag	vierter Tag

erster Tag: 30 km
zweiter Tag: 17 km
dritter Tag: + 34 km (= 2 · 17 km)
81 km

100 km (geht er insgesamt)
− 81 km (ist er schon gegangen)
19 km (vierter Tag)

Am 4. Tag geht er 19 km.

14

5	·	4	=	20
4	+	4	=	8
3	·	8	=	24
9	−	5	=	4
27	:	3	=	9
9	+	8	=	17
12	:	2	=	6

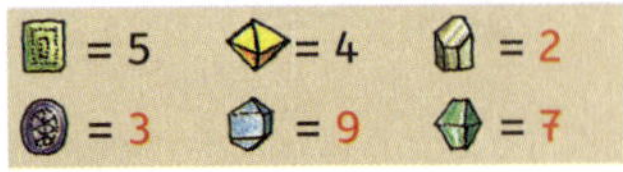

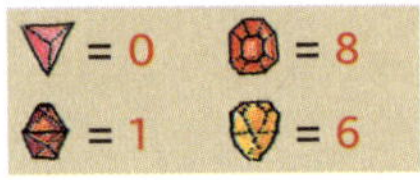

15

☒ Um wie viel Uhr kommen Hanna und ihre Eltern im Kino an?

14.55 Uhr —+ 15 Minuten→ 15.10 Uhr   Um 15.10 Uhr kommen sie im Kino an.

◯ Wie viel bezahlt Hannas Vater für die drei Eintrittskarten?

Diese Frage ist nicht beantwortbar:
Fehlende Information: An welchem **Wochentag** gehen sie ins Kino?

☒ Wie lange dauert der Film „Alles oder nichts“?

16.00 Uhr —+ 2 h 20 min→ 18.20 Uhr   Dieser Film dauert 2 h 20 min.

◯ Wie viel Geld bekommt Hannas Mutter am Kiosk zurück?

Diese Frage ist nicht beantwortbar: Es fehlt der **Preis für die Gummibärchen**.

☒ Welchen Film sehen sich Hanna und ihre Eltern an?

Hanna und ihre Eltern sehen sich den Film Baumhausjäger an.
Nur zu diesem **3-D-Film** kommen sie **pünktlich** im Kino an.

16 $2 \cdot 30 + 36 : 4 = ?$

$60 + 9 = 69$

17 $180 : 6 + 240 : 3 = ?$

$30 + 80 = 110$

18 $5 \cdot 40 + 2 \cdot 50 - 100 : 2 = ?$ 100 ist die kleinste dreistellige Zahl!

$200 + 100$

$300 - 50 = 250$

19 $241 + ? = 6 \cdot 90$

540

Rechne die Umkehraufgabe:

$$\begin{array}{r} 540 \\ -241 \\ \hline 299 \end{array}$$

20

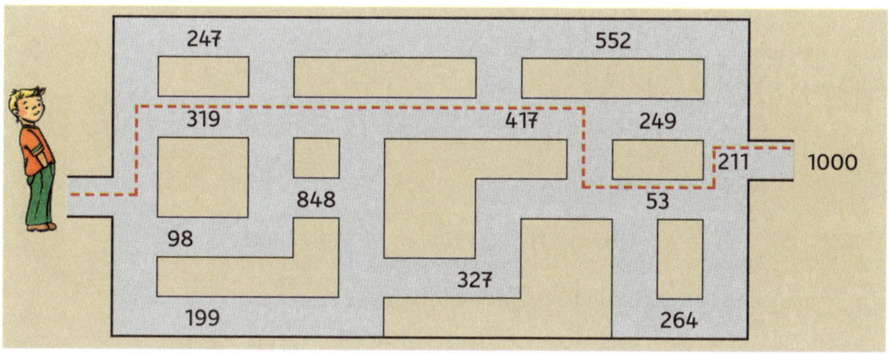

21

$$\begin{array}{r} 295 \\ +173 \\ \hline 468 \end{array} \qquad \begin{array}{r} 806 \\ -\ \ 97 \\ \hline 709 \end{array} \qquad \begin{array}{r} 709 \\ -468 \\ \hline 241 \end{array} \qquad \begin{array}{r} 500 \\ -241 \\ \hline 259 \end{array}$$

22 976 (1. Zahl)
134 (2. Zahl)
So wird der Unterschied am größten:

$$\begin{array}{rl} 976 & \text{(größtmögliche Zahl)} \\ -134 & \text{(kleinstmögliche Zahl)} \\ \hline 842 & \text{(größter Unterschied)} \end{array}$$

23 $? - 210 : 7 = 360 : 6$

$30 = 60$

Rechne die Umkehraufgabe: $60 + 30 = 90$

24

1. Zahl		2. Zahl		3. Zahl		
285	+	1. Zahl + 173	+	?	=	1000

$$\begin{array}{r} 285 \\ +173 \\ \hline 458 \end{array}$$ (zweite Zahl)

$$\begin{array}{r} 285 \\ +458 \\ \hline 743 \end{array}$$ 285 (erste Zahl), 458 (zweite Zahl), 743 (1. + 2. Zahl)

$$\begin{array}{r} 1000 \\ -\ 743 \\ \hline 257 \end{array}$$

Die dritte Zahl ist 257.

25

56 = 7 (·) 8

63 (:) 9 (+) 12 = 19

26 = 80 (:) 4 (+) 9 (−) 3

6 (·) 9 (+) 8 = 62

34 = 7 (·) 6 (−) 8

9 (·) 8 (+) 7 (−) 6 = 73

Hier gilt immer die Regel: Punkt vor Strich! Das bedeutet:
Rechne bei jeder Aufgabe zuerst · und :, dann + und −, sonst stimmt das Ergebnis nicht.

26 234, 243, 324, 342, 423, 432

27

115, (+3) 118, (−8) 110, (+3) 113, (−8) 105, (+3) 108, (−8) 100

Man muss abwechselnd 3 dazuzählen, dann 8 abziehen.

28 Hast du deine Freunde überrascht?

29

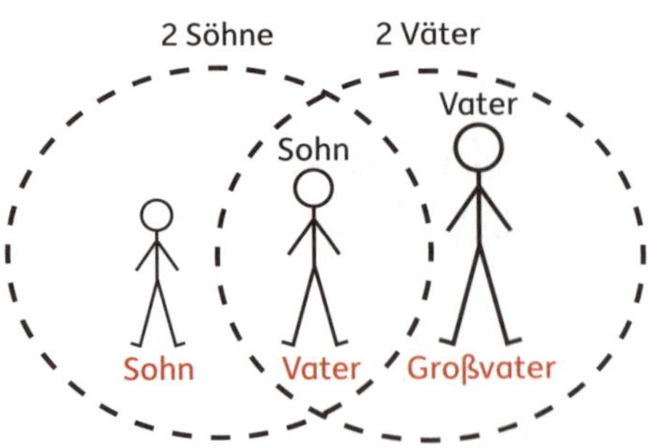

Es sind nur drei Personen!

30 ●●●○○ Drei Gänse gehen hinter zweien!

○○○○● Eine Gans geht vor vieren!

○○●○○ Eine Gans geht vor und zugleich hinter zweien!

Hier gehen 5 Gänse im Gänsemarsch spazieren!

31

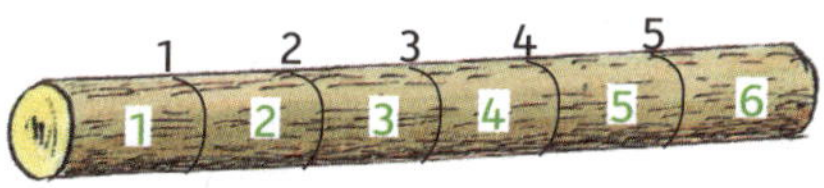

Beachte: Durch 5 Schnitte entstehen 6 Teile.

30 m : 6 = 5 m

Ein Teil ist 5 m lang.

32

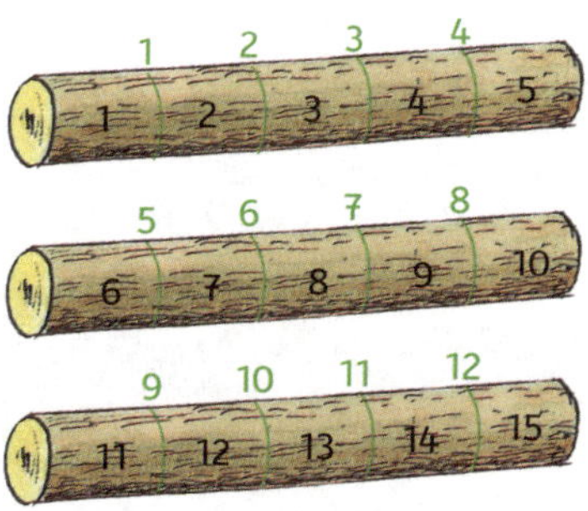

15 : 3 = 5 (Teile entstehen bei einem Baumstamm)

Jeder Baumstamm muss 4-mal zersägt werden, damit **5 Teile** entstehen.

3 · 4 (Schnitte) = 12
Man musste 12-mal sägen.

33

Aus einem Brett enstehen 4 Stücke.

4 · 2 m = 8 m Ein Brett war 8 m lang.

28 Stücke : 4 Stücke pro Brett = 7 Bretter Es waren 7 Bretter.

34

$$\begin{array}{r} 602\text{ g} \\ -178\text{ g} \\ \hline 424\text{ g} \end{array}$$ (liegen auf der linken Schale mehr und müssen auf beide Schalen gleich verteilt werden)

424 g : 2 = 212 g

Man muss von der linken Schale 212 g wegnehmen und auf die rechte legen.

oder:

$$\begin{array}{r} 602\text{ g} \\ +178\text{ g} \\ \hline 780\text{ g} \end{array}$$ sind insgesamt auf der Waage.

$$\begin{array}{l} 780\text{ g} : 2 = \\ \hline 700\text{ g} : 2 = 350\text{ g} \\ 80\text{ g} : 2 = 40\text{ g} \\ \hline 780\text{ g} : 2 = 390\text{ g} \end{array}$$ müssen auf jeder Schale liegen.

$$\begin{array}{r} 602\text{ g} \\ -390\text{ g} \\ \hline 212\text{ g} \end{array}$$

602 g (liegen auf der linken Schale)
390 g (dürfen auf der Schale liegen)
212 g muss man von der linken Schale wegnehmen und auf die rechte legen.

35

$$\begin{array}{r} 150\text{ l} \\ 98\text{ l} \\ +\ 22\text{ l} \\ \hline 270\text{ l} \end{array}$$ sind es insgesamt.

270 l : 3 = 90 l müssen in jedem Fass sein.

150 l – 90 l = 60 l Wasser muss Justin vom ersten Fass ins dritte Fass füllen.

98 l – 90 l = 8 l Wasser muss er vom zweiten ins dritte Fass füllen.

36

	1	8	3
+	6	6	9
	8	5	2

	2	2	4
+	6	9	7
	9	2	1

	4	0	3
–	1	1	7
	2	8	6

37

760 €								
70 €	70 €	70 €	70 €	70 €	70 €	70 €	70 €	?

70 € · 8 = 560 € zahlt er in Raten.

$$\begin{array}{r} 760\text{ €} \\ -560\text{ €} \\ \hline 200\text{ €} \end{array}$$

760 € (Gesamtpreis)
560 € (Ratenzahlung)
200 € (Anzahlung)

Herr Kramer zahlt 200 € an.

38

960 € (Kaufpreis)
−400 € (Anzahlung)
560 € (Restbetrag)

560 € : 80 € = 7 (Anzahl der Monate)

Die Ratenzahlung dauert 7 Monate.

39

Frage: Was kostet das Fahrrad?
30 € · 7 = 210 € (dies zahlen die Eltern)

50 € (zahlt Niko)
+210 € (zahlen die Eltern)
260 € (kostet das Fahrrad)

Das Fahrrad kostet 260 €.

40

24 (ganze Klasse)
− 4 (Jungen mehr)
20

20 : 2 = 10 (Mädchen)   10 + 4 = 14 (Jungen)

Es sind 10 Mädchen und 14 Jungen in der Klasse.

Probe: 14 Jungen + 10 Mädchen = 24 Kinder
Es sind 4 Jungen mehr als Mädchen.

41

Frage: Wie viel hat Anna und wie viel hat Sophie gespart?

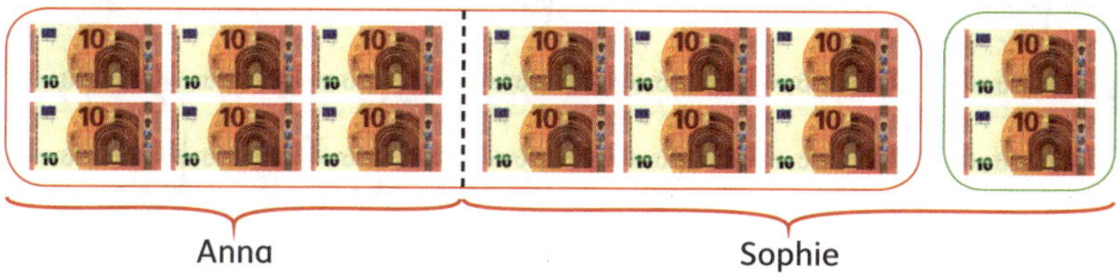

= 140 € (zusammen gespart)

140 € (zusammen gespart)
− 20 € (hat Sophie mehr)
120 €

120 € : 2 = 60 € hat Anna gespart.   60 € + 20 € = 80 € hat Sophie gespart.

Probe: 60 € + 80 € = 140 €

42

77 (Vater + Mutter)
− 5 (Mutter jünger)
72 : 2 = 36 (Mutter)

36 (Mutter)
+ 5 (Vater)
41 (Vater)

45 (Mutter + Sohn)
−36 (Mutter)
9 (Sohn)

97 (alle zusammen) − 41 (Vater) − 36 (Mutter) − 9 (Sohn) = 11 (Tochter)

Der Vater ist 41 Jahre, die Mutter 36 Jahre, der Sohn 9 Jahre und die Tochter 11 Jahre alt.

43

Preis	2,70 €	: 3 →	0,90 €	· 5 →	4,50 €

Max muss 4,50 € bezahlen.

44

8 Kästen 72 € —: 8→ 1 Kasten 9 € —· 7→ 7 Kästen
63 € muss Herr Brauer für 7 Kästen bezahlen.

45

Schreibwarenladen			Großmarkt		
4 Hefte	=	1,60 €	6 Hefte	=	3 €
↓ · 3		↓ · 3	↓ · 2		↓ · 2
12 Hefte	=	4,80 €	12 Hefte	=	6 €

Im Schreibwarenladen ist es günstiger. 6 € – 4,80 € = 1,20 € ⟶ Klara spart dort 1,20 €.

46

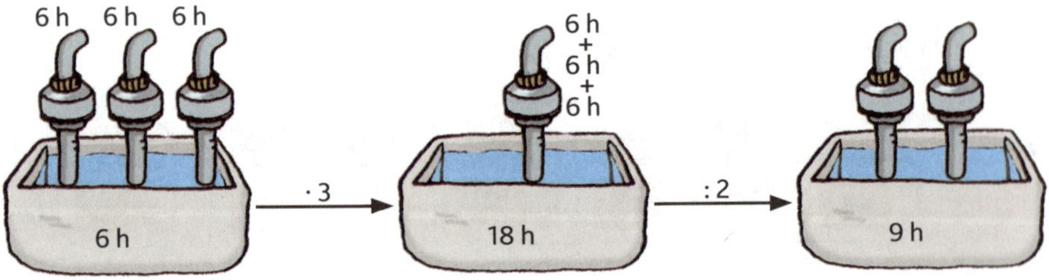

3 Pumpen brauchen 6 Stunden.

1 Pumpe braucht 18 Stunden.
(Achtung: 1 Pumpe braucht **3-mal** so lang wie 3 Pumpen.)

2 Pumpen brauchen 9 Stunden.
(2 Pumpen brauchen **halb so lang** wie 1 Pumpe.)

47

18 Bonbons	

Lola hat 2 Teile/Kreise.	Coco hat 1 Teil/Kreis.

Verteile 18 Bonbons gleichmäßig auf 3 Kreise.
1 Kreis für Coco + 2 Kreise für Lola (= doppelt so viele wie Coco: 1 Kreis + 1 Kreis)

18 : 3 = 6 ⟶ Coco hat 6 Bonbons. 6 + 6 = 12 ⟶ Lola hat 12 Bonbons.

Probe: 6 Bonbons + 12 Bonbons = 18 Bonbons.

48

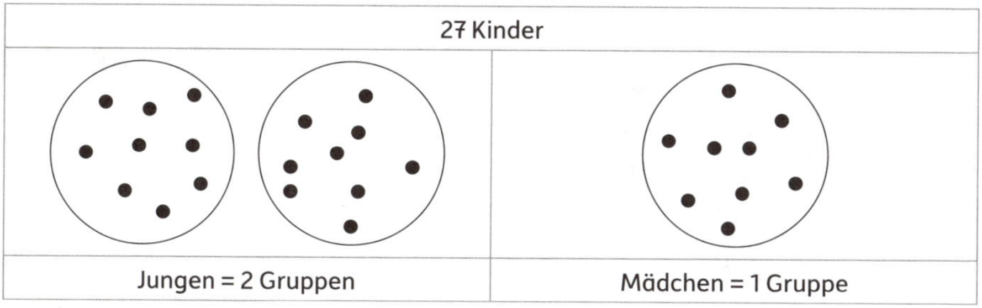

27 : 3 = 9 Mädchen sind es.
9 · 2 = 18 Jungen sind es.

49 △ + 8 · △ = 450 9 · △ = 450 450 : 9 = 50

Ben hat sich die Zahl 50 ausgedacht.
Marie hat sich die Zahl 8 · 50 = 400 ausgedacht.

oder:

Zahl von Ben + 8 · Zahl von Ben = 450 (8 · Zahl von Ben = Zahl von Marie)

450 : 9 = 50
8 · 50 = 400

50 (90) + (90) + (90)(90) = 360

1. Zahl: 90; 2. Zahl: 90; 3. Zahl: 90 + 90

360 : 4 = 90

→ 1. Zahl = 90
2. Zahl = 90
3. Zahl = 90 + 90 = 180

51 50 → (· 9) → 450 → (+ 550) → 1000 → (: 10) → 100 → (− 99) → 1

Rückwärts: 1 → (+ 99) → 100 → (· 10) → 1000 → (− 550) → 450 → (: 9) → 50

52 27 € → (− 7 €) → 20 € → (+ 10 €) → 30 € → (: 2) → 15 € → (+ 30 €) → 45 €

Rückwärts: 45 € → (− 30 €) → 15 € → (· 2) → 30 € → (− 10 €) → 20 € → (+ 7 €) → 27 €

Anna hatte zu Beginn 27 € in ihrer Spardose.

53

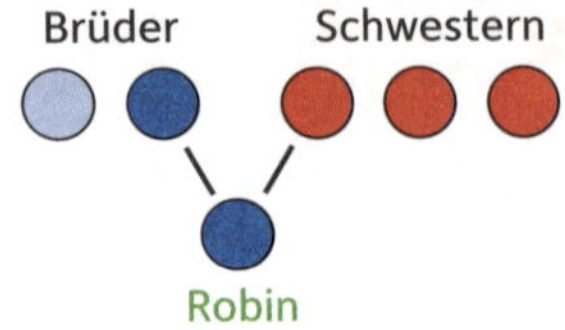

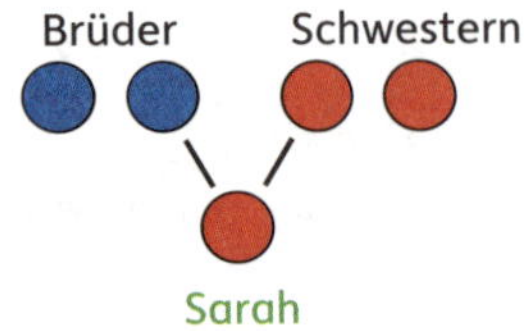

In der Familie gibt es drei Mädchen und zwei Jungen, also 5 Kinder.

54

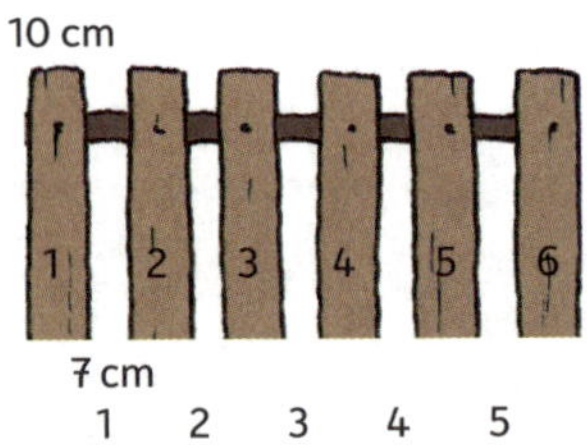

$10\text{ cm} \cdot 6 = 60\text{ cm}$ (Breite der Latten)
$7\text{ cm} \cdot 5 = \underline{35\text{ cm}}$ (Breite der Abstände)
95 cm (Gesamtbreite)

Das Gartentor wird 95 cm breit.

55

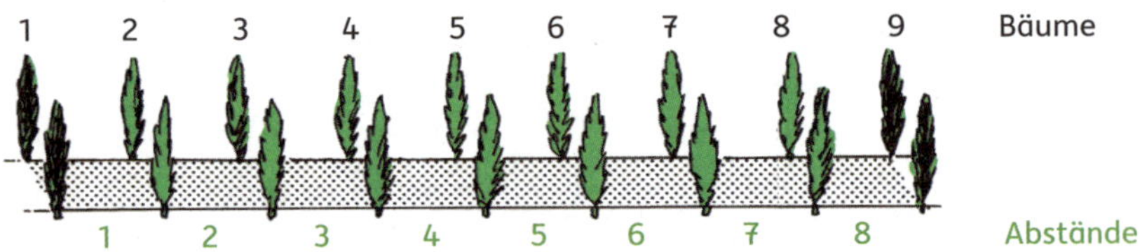

$72\text{ m} : 9\text{ m} = 8$ (Baumabstände)

Es sind 8 Abstände, aber 9 Bäume auf jeder Seite, weil am **Anfang** und am **Ende** je ein Baum steht: $9 + 9 = 18$ ⟶ Es sind insgesamt 18 Bäume.

56

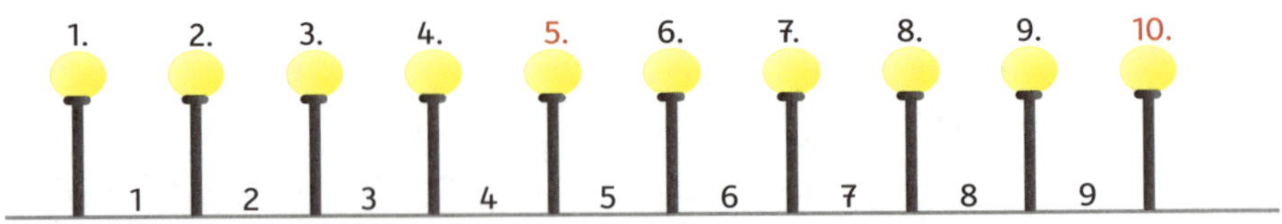

Bedenke, dass es bei 10 Laternen nur 9 Abstände gibt. $630\text{ m} : 9 = 70\text{ m}$

$70\text{ m} \cdot 4 = 280\text{ m}$ sind es von der ersten bis zur 5. Laterne.

$70\text{ m} \cdot 5 = 350\text{ m}$ sind es von der 5. bis zur 10. Laterne.

57

Linus	Felix	Hannes	Paul	Yannik

58 Sie braucht höchstens 6 Versuche: 259, 295, 529, 592, 925, 952.

59

1.	x	x	H	A			x	x	x
2.	x	x	H		A		x	x	x
3.	x	x	H			A	x	x	x
4.	x	x	A	H			x	x	x
5.	x	x		H	A		x	x	x
6.	x	x		H		A	x	x	x
7.	x	x	A		H		x	x	x
8.	x	x		A	H		x	x	x
9.	x	x			H	A	x	x	x
10.	x	x	A			H	x	x	x
11.	x	x		A		H	x	x	x
12.	x	x			A	H	x	x	x

Wenn sie nebeneinander sitzen wollen, gibt es nur 6 Möglichkeiten:

1.	x	x	H	A			x	x	x
2.	x	x	A	H			x	x	x
3.	x	x		H	A		x	x	x
4.	x	x		A	H		x	x	x
5.	x	x			H	A	x	x	x
6.	x	x			A	H	x	x	x

60

130 Kinder nur Kakao ⟶ 130 (Flaschen)
40 Kinder Kakao und Milch ⟶ + 80 (Flaschen)
210 (Flaschen)

280 (Flaschen insgesamt)
−210 (Flaschen)
70 (Flaschen) ⟶ 70 Kinder kaufen nur Milch.

oder:

Kakao verkauft:

130 (Kinder, die nur Kakao getrunken haben)
\+ 40 (Kinder, die Kakao + Milch getrunken haben)
170 Flaschen Kakao wurden verkauft.

280 (Flaschen insgesamt verkauft)
−170 (Flaschen Kakao)
110 Flaschen Milch wurden verkauft.

110 (Flaschen Milch)
− 40 (Kinder, die Milch + Kakao getrunken haben)
70 Kinder haben nur Milch gekauft.

61

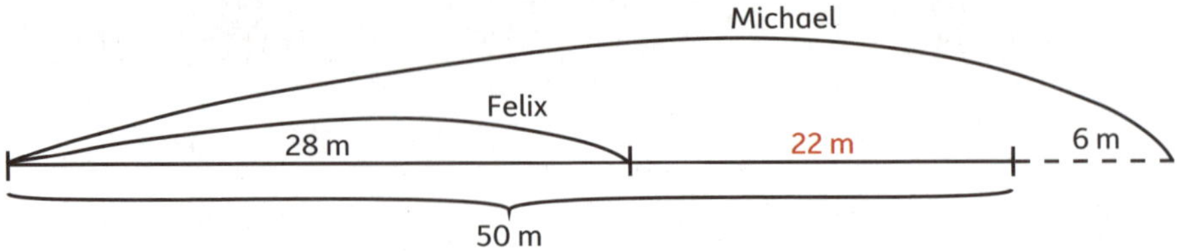

$$\begin{array}{r} 50\text{ m} \\ +\ \ 6\text{ m} \\ \hline 56\text{ m} \end{array}$$ weit schießt Michael.

56 m : 2 = 28 m weit schießt Felix.

$$\begin{array}{r} 50\text{ m} \\ -28\text{ m} \\ \hline 22\text{ m} \end{array}$$ vor dem Ziel ist der Pfeil von Felix aufgetroffen.

62

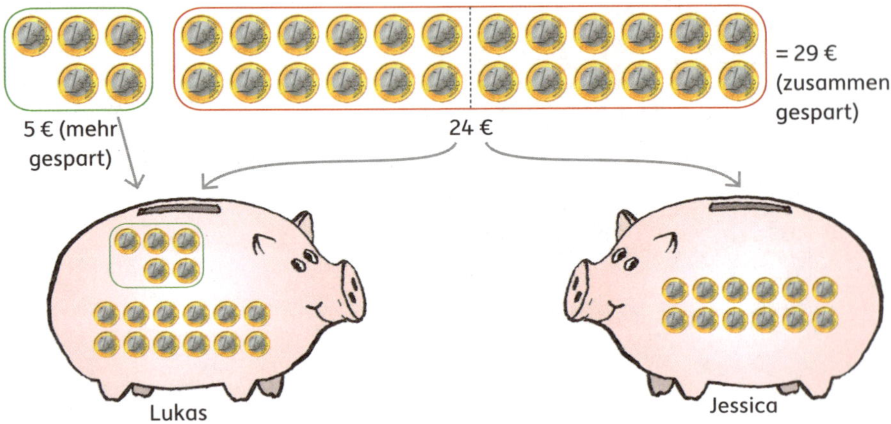

$$\begin{array}{r} 29\ € \\ -\ \ 5\ € \\ \hline 24\ € \end{array}$$

29 € (zusammen gespart)
5 € (hat Lukas mehr gespart)

24 € : 2 = 12 € hat Jessica gespart.

$$\begin{array}{r} 12\ € \\ +\ \ 5\ € \\ \hline 17\ € \end{array}$$ hat Lukas gespart.

63

Man meint, dass sich die Kreise drehen.

64

→ 34 €

$$\begin{array}{r} 34\ € \\ -29\ € \\ \hline 5\ € \end{array}$$

34 € (2 Erwachsene + 2 Kinder)
29 € (2 Erwachsene + 1 Kind)
5 € kostet der Eintritt für ein Kind.

→ 29 €

$$\begin{array}{r} 29\ € \\ -\ \ 5\ € \\ \hline 24\ € \end{array}$$

29 € (2 Erwachsene + 1 Kind)
5 € (1 Kind)
24 € (2 Erwachsene)

24 € : 2 = 12 € kostet der Eintritt für einen Erwachsenen.

65

$$
\begin{array}{r}
237 : 3 = 79 \\
-21 \\
\hline
27 \\
-27 \\
\hline
0
\end{array}
\qquad
\begin{array}{r}
69 \\
79 \\
+\ 89 \\
\hline
237
\end{array}
$$

51	52	53	54	55	56	57	58	59	60
61	62	63	64	65	66	67	68	69	70
71	72	73	74	75	76	77	78	79	80
81	82	83	84	85	86	87	88	89	90
91	92	93	94	95	96	97	98	99	100

Die drei Zahlen heißen 69, 79 und 89.

66

8 · 5 = 40 (Tennisbälle in **einer** Schachtel)

3 · 40 = 120 (Tennisbälle in 3 Schachteln)

4 · 40 = 160 (Tennisbälle in **einer** Kiste)

2 · 160 = 320 (Tennisbälle in 2 Kisten)

$$
\begin{array}{rl}
120 & \text{(in 3 Schachteln)} \\
+320 & \text{(in 2 Kisten)} \\
\hline
440 & \text{(insgesamt)}
\end{array}
$$

Das Sportfachgeschäft hat insgesamt 440 Tennisbälle bekommen.

67

2, (·3) 6, (−1) 5, (·3) 15, (−2) 13, (·3) 39, (−3) 36, (·3) 108, (−4) 104, (·3) 312

935, (−12) 923, (+4) 927, (−13) 914, (+4) 918, (−14) 904, (+4) 908, (−15) 893, (+4) 897

1, (+3) 4, (+6) 10, (+12) 22, (+24) 46, (+48) 94, (+96) 190, (+192) 382

(·2 between consecutive differences: 3, 6, 12, 24, 48, 96, 192)

68

16 17 18 19 27 28 29 38 39 49

69

(17) ist keine gerade Zahl.

(21) ist keine Quadratzahl.

(34) ist keine Zahl des Sechsereinmaleins'.

70

71

9 → · 8 → 72 → − 12 → 60 → : 6 → 10

10 → · 6 → 60 → + 12 → 72 → : 8 → 9

72

48 → : 6 → 8 → + 27 → 35 → : 5 → 7

7 → · 5 → 35 → − 27 (3 · 9) → 8 → · 6 → 48

73

39 → + 31 → 70 → · 2 → 140 → − 90 → 50

50 → + 90 → 140 → : 2 → 70 → − 31 → 39

74

? − (515 + 172) = 3 · 100 100 (kleinste dreistellige Zahl)

? − 687 = 300

? = 300 + 687

? = 987 heißt meine Zahl.

75 Frage: Wie viel muss Herr Gruber bezahlen?

```
  39200 € (Auto)
+   816 € (Reifen)
  40016 € (gesamte Kosten)
```

```
  40016 € (gesamte Kosten)
–  9700 € (altes Auto)
  30316 €
```

Herr Gruber muss 30 316 € bezahlen.

76 80 € · 7 = 560 €

(Unterkunft und Verpflegung für **eine Person** für **eine Woche**)

```
   123 € (Fahrtkosten)
   123 € (Fahrtkosten)
   560 € (für eine Person)
   560 € (für die 2. Person)
   165 € (Nebenkosten)
+   98 € (Bild)
  1629 €
```

```
  1700 €
– 1629 €
    71 € bleiben übrig.
```

77

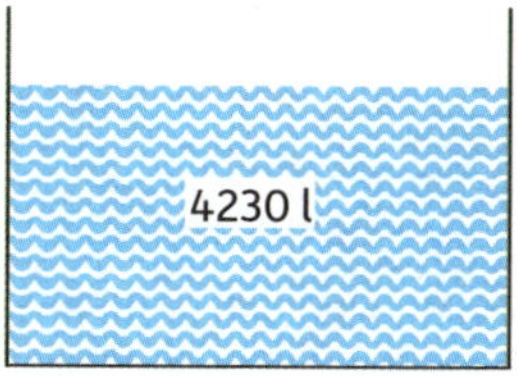

erster Kessel

$$\begin{array}{r} 4230\,l \\ -\ 875\,l \\ \hline 3355\,l \end{array}$$

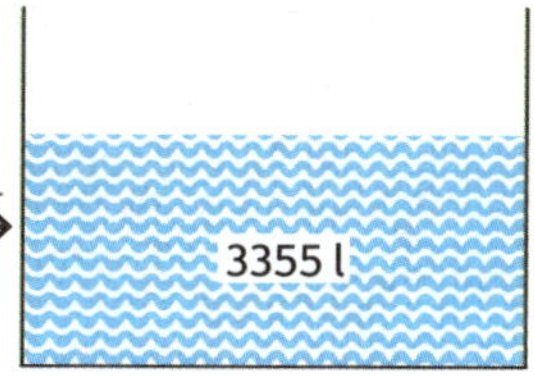

zweiter Kessel

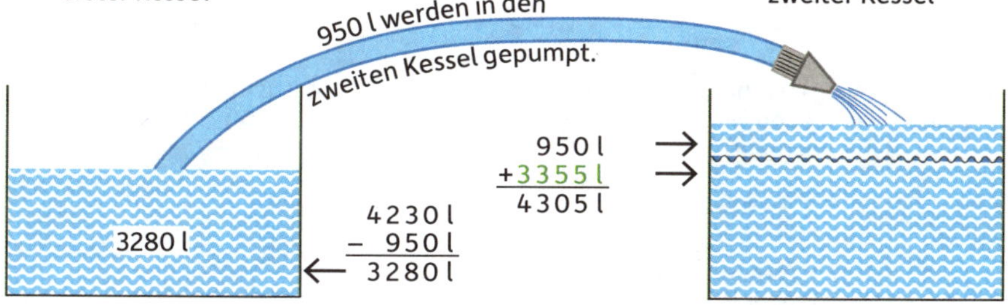

$$\begin{array}{r} 950\,l \\ +3355\,l \\ \hline 4305\,l \end{array}$$

$$\begin{array}{r} 4230\,l \\ -\ 950\,l \\ \hline 3280\,l \end{array}$$

erster Kessel

zweiter Kessel

$$\begin{array}{r} 4305\,l \\ -3280\,l \\ \hline 1025\,l \end{array}$$

1025 l enthält jetzt der zweite Kessel **mehr** als der erste.

78

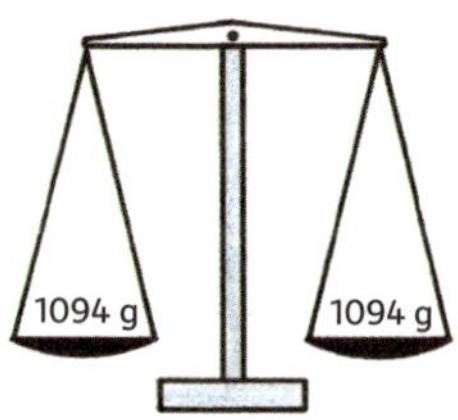

$$\begin{array}{r} 1428\,g \\ -1094\,g \\ \hline 334\,g \end{array}$$

$$\begin{array}{r} 1094\,g \\ -\ 334\,g \\ \hline 760\,g \end{array}$$

Es lagen vorher auf der rechten Schale 760 g.

79

$$\begin{array}{r} 100000\,km \\ -\ 99878\,km \\ \hline 122\,km \end{array}$$ (= hin und zurück)

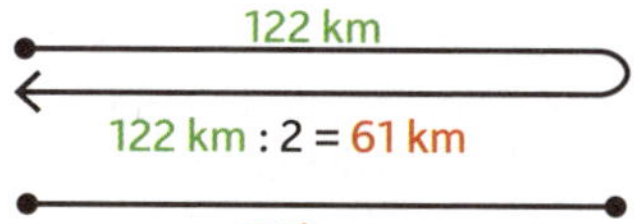

Von zu Hause bis zum Zoo sind es 61 km.

80

a) 32 066 (Dresden) + 51 500 (Frankfurt) + ? (Köln) = 128 206

(Dresden) + (Frankfurt) = 83 566

? = 128 206 – 83 566

? = 44 640

$$\begin{array}{r} 50374 \\ -44640 \\ \hline 5734 \end{array}$$

50374 (Plätze in Köln insgesamt)
– 44640 (belegte Plätze)
5734 (freie Plätze)

In Köln waren noch 5734 Plätze frei.

b) Tipp: Ein Überschlag mit gerundeten Zahlen lässt dich die Lösung leichter finden:
71 000 + 74 000 + 32 000 = 177 000

71137	(München)
74649	(Berlin)
+ 32066	(Dresden)
177852	

Es wurde in München, Berlin und Dresden gespielt.

81

6324	(gestorben)
+ 2476	(zogen weg)
8800	(weniger)

3687	(geboren)
2476	(doppelt so
+ 2476	viele dazu)
8639	(kamen dazu)

8800	(weniger)
− 8639	(dazu)
161	Menschen sind es am Jahresende weniger.

120075	(am Jahresanfang)
− 161	(weniger am Jahresende)
119914	Menschen wohnen am Jahresende in der Stadt.

82 a) 5157 b) 8362 c) 6282

83 Die Zahl heißt 97 531.

84 96 427

85 Die größte dreistellige Zahl ist 999.
Die zweitgrößte dreistellige Zahl ist nur um **1 Einer kleiner**: 998.

2 · 6183 − ? = 998
12 366 − ? = 998
? = 12 366 − 998
? = 11 368

86 10 000 ist die kleinste 5-stellige Zahl.
→ 5000 ist die Hälfte dieser Zahl.

? − (45 387 + 12 344 + 91 439) = 5000
? − 149 170 = 5000
? = 5000 + 149 170
? = 154 170

87 Er muss mindestens 11 Teller nehmen, dann hat er **sicher** 6 Teller einer Farbe.

Nimmt er so viele Teller, ↓	... dann könnten es folgende Möglichkeiten sein: blau		grün
6	5	+	1
7	5	+	2
8	5	+	3
9	5	+	4
10	5	+	5
11	5	+	6

88

89

573 € · 3 = 1719 € kosten die Sessel.

```
  1687 € (Sofa)
  1719 € (3 Sessel)
+  318 € (Stehlampe)
  3724 € (Gesamtkosten)
```

```
  4000 €
– 3724 €
   276 €
```

Herrn Schmitz bleiben noch 276 € übrig.

90

```
12 km · 45
        48
        60
       540  km könnte man fahren.
```

Ja, diese Benzinmenge reicht für eine Strecke von 500 km.

91

```
23 € · 8
   184 €  kosten die Basketbälle.

16 € · 7
   112 €  kosten die Volleybälle.

19 € · 6
   114 €  kosten die Fußbälle.
```

```
  184 € (Basketbälle)
  112 € (Volleybälle)
+ 114 € (Fußbälle)
  410 €
```

```
  500 €
– 410 €
   90 €  bleiben für die Wurfbälle übrig.
```

90 € : 10 € = 9
Die Schule hat 9 Wurfbälle eingekauft.

92

```
87 € · 9
   783 €
```

```
  200 € (Anzahlung)
+ 783 € (Monatsraten)
  983 € (Kaufpreis bei Ratenzahlung)
```

```
  983 € (Kaufpreis bei Ratenzahlung)
– 930 € (Kaufpreis bei Barzahlung)
   53 €  hätte Familie Fröhlich gespart.
```

93

5	+	4	=	9
10	:	2	=	5
9	–	7	=	2
4	·	2	=	8
7	–	5	=	2

5	4	9	10

2	7	8	

94

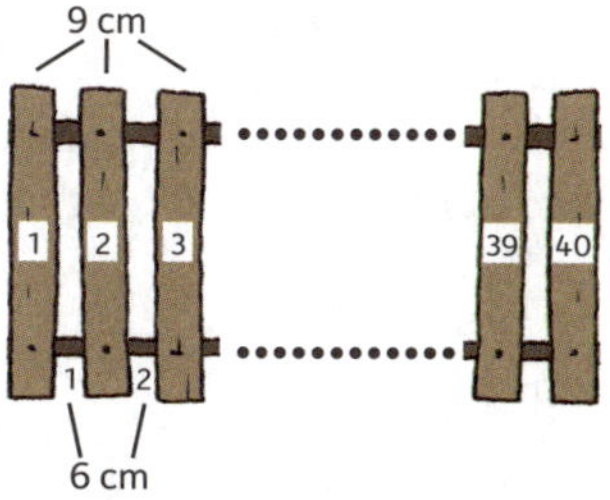

Beachte, dass es 40 Zaunlatten sind, aber nur 39 Zwischenräume, denn der Zaun beginnt und endet mit einer Latte!

```
9 cm · 40 = 360 cm
6 cm · 39 = 234 cm
            594 cm  wird der Zaun lang.
```

95 a)

18520 · 15 €	9416 · 27 €	4225 · 40 €	
18520	18832	169000 €	277800 €
92600	65912		254232 €
277800 €	254232 €		+ 169000 €
			701032 € war die Gesamteinnahme.

b)
18520 (Stehplätze)
9416 (Sitzplätze)
+ 4225 (Haupttribüne)
32161 Karten wurden insgesamt verkauft.

c)
50000
− 32161
17839 Plätze blieben leer.

96 Frage: Wie viele Schokoriegel hat das Süßwarengeschäft bekommen?

= 1 Päckchen

$7 \cdot 5 = 35$ (Schokoriegel in **einer** Schachtel)

$4 \cdot 35 = 140$ (Schokoriegel in 4 Schachteln)

$6 \cdot 35 = 210$ (Schokoriegel in **einer** Kiste)

$3 \cdot 210 = 630$ (Schokoriegel in 3 Kisten)

140 (in 4 Schachteln)
+ 630 (in 3 Kisten)
770 (insgesamt)

Das Süßwarengeschäft hat insgesamt 770 Schokoriegel bekommen.

97
205 (Frauen)
183 (Männer)
+ 28 (leere Plätze)
416

450 (Plätze insgesamt)
− 416 (Plätze, die **nicht** von Kindern besetzt sind)
34 Kinder sind im Konzertsaal.

205 (Frauen)
+ 183 (Männer)
388 (Erwachsene)

15 € · 388
45
120
120
5820 € (Eintritt Erwachsene)

7 € · 34
21
28
238 € (Eintritt Kinder)

5820 € (Eintritt Erwachsene)
+ 238 € (Eintritt Kinder)
6058 € haben die Konzertbesucher insgesamt bezahlt.

98 Es gibt viele Möglichkeiten. Wichtig ist, dass du in jeder Reihe (waagerecht und senkrecht) jede Farbe nur einmal benutzt hast. Hier ein Beispiel:

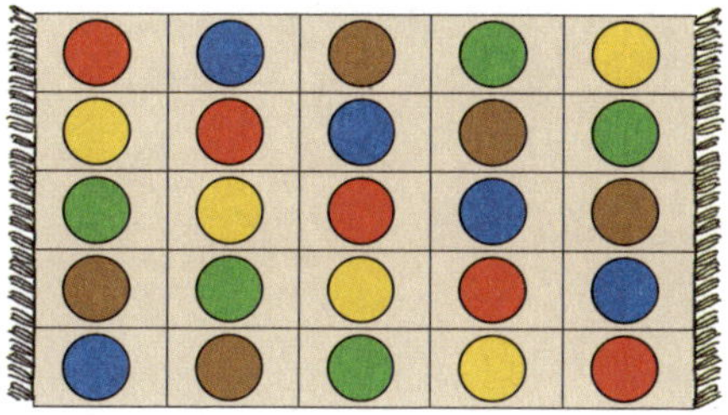

99 480 € : 2 = 240 € (werden angezahlt)

  480 € (Kaufpreis)
– 240 € (Anzahlung)
  240 € (Restzahlung)

240 € : 10 = 24 €
Familie Berger zahlt monatlich 24 €.

100
  18600 € (Preis für das neues Auto)
– 10860 € (bekommt er für das altes Auto)
   7740 € (muss er noch bezahlen)

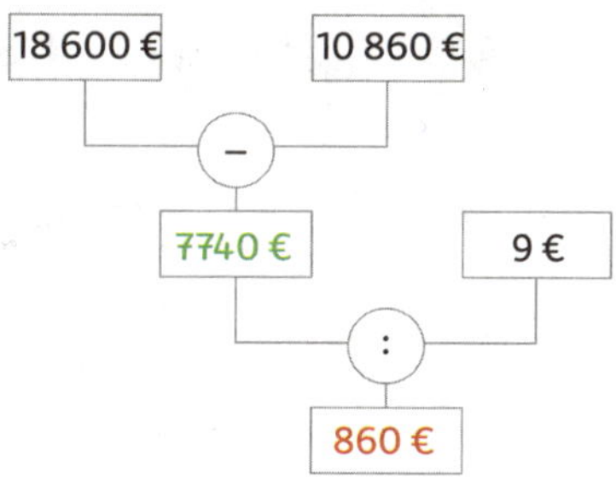

7740 € : 9 = 860 € ist eine Monatsrate.
–72
 54
–54
  00
 – 0
   0

101 19,20 € : 2 = 9,60 € kosten 2 Ordner / kosten 6 Stifte.
–18
 12
–12
  0

9,60 € : 2 = 4,80 € kostet ein Ordner.
–8
 16
–16
  0

9,60 € : 6 = 1,60 € kostet ein Farbstift.
–6
 36
–36
  0

102

17,25 € (zahlt Frau Hamster)
− 6,90 € (zahlt Frau Sparsam)
10,35 € (zahlt Frau Hamster mehr)

10,35 € = 1035 ct
1035 ct : 3 = 345 ct = 3,45 € kostet eine Packung Kaffee.
− 9
13
− 12
15
− 15
0

103

500 € (gegeben)
− 24 € (Rückgeld)
476 € (kostet alles zusammen)

→ 476 € kostet alles zusammen.

→ 476 € : 7 = 68 € kostet ein Stuhl.

68 € · 2 = 136 € kostet ein Regal.

Ein Regal ist so teuer wie 2 Stühle.

104

Wie viel kostet das Fahrrad von Herrn Gärtner und wie viel kostet das Fahrrad von Niklas?

664 € (kosten beide Räder zusammen)
− 294 € (um so viel ist das Rad von Herrn Gärtner teurer)
370 € : 2 = 185 €

185 €
+ 294 €
479 €

Das Fahrrad von Niklas kostet 185 €. Das Fahrrad von Herrn Gärtner kostet 479 €.

105

2	5	7	·	2	3
		5	1	4	
			7	7	1
		5	9	1	1

	4	1	7	2	:	7	=	5	9	6
−	3	5								
		6	7							
	−	6	3							
			4	2						
		−	4	2						
				0						

hauschkaverlag
einfach besser lernen
Üben und lernen für Kindergarten & Schule
261 Zeichensetzung ab 6. Klasse und für Erwachsene
212 Grammatik 1./2. Klasse
19 Textaufgaben 4. Klasse
222 Aufsatz Deutsch 3. Klasse
613 Vorschule Zahlen entdecken
273 Besser lesen 3. Klasse
215 Grammatik 5.–7. Klasse
71 Mathe trainieren 1. Klasse
gezielt fördern
selbständig lernen
von Kindern getestet
motiviert üben und wiederholen
Qualität durch über 40 Jahre Erfahrung

Inhaltsverzeichnisse, Leseproben u. Details zu allen Reihen unter **hauschkaverlag.de**

Mathe trainieren
1. bis 4. Klasse

- alle wichtigen Bereiche des Mathe-Lehrplans üben und wiederholen
- Rechenfertigkeit verbessern
- mathematisches Denkvermögen trainieren

DIN-A5-Heft | 6,90 EUR (D) | 7,10 EUR (A) | 7,90 CHF (CH)

Rechnen in der Grundschule
1. bis 3. Klasse

- spielerisch und abwechslungsreich
- thematisch verpackt und liebevoll illustriert
- 1x1, Grundrechenarten, Größen und vieles mehr

DIN-A5-Heft | 6,90 EUR (D) | 7,10 EUR (A) | 7,90 CHF (CH)

Textaufgaben Grundschule
2. bis 4. Klasse

- Textaufgaben schrittweise üben
- Strategien erlernen, um Sachaufgaben zu lösen
- mit ausführlichen Erklärungen und Lösungswegen

DIN-A5-Heft | 6,90 EUR (D) | 7,10 EUR (A) | 7,90 CHF (CH)

Mathematik
5. bis 9. Klasse

- Textaufgaben und Recher fertigkeit trainieren
- verschiedene Themenhef Bruchrechnen, Prozentrec Flächenberechnung

DIN-A5-Heft | 6,90 EUR (D) | 7,10

Lernzielkontr Mathe u. Deut
2. bis 4. Klasse

- verschied. Klassenarbeite zu allen Themen der jeweiligen Klassenstufe
- Überprüfung des Wissens
- Punkteskala und Noten-schlüssel zur Selbsteinsch

DIN-A4-Heft | 9,90 EUR (D) | 10,2

Lernspaß
1. bis 4. Klasse

- mit Spaß und Freude wiederholen und üben
- abwechslungsreiche Auf
- auch bestens für die Ferien geeignet

DIN-A5-Block | 6,90 EUR (D) | 7,1

Grammatik
1. bis 7. Klasse

- abwechslungsreiche Übungen zu allen wichti grammatischen Bereiche
- mit kurzen Merktexten
- Zwischentests zur Überp

DIN-A5-Heft | 6,90 EUR (D) | 7,10

en,

(A) | 7,90 CHF (CH)

Aufsatz

2. bis 11. Klasse

- Schritt für Schritt zum guten Aufsatz
- viele Tipps und Übungen
- mit zahlreichen Musteraufsätzen

DIN-A5-Heft | 6,90 EUR (D) | 7,10 EUR (A) | 7,90 CHF (CH)

len
ch

Fit für jede Klassen-arbeit!

zung

R (A) | 11,40 CHF (CH)

Rechtschreiben und Diktate

1. bis 7. Klasse
und für Erwachsene

- Rechtschreibstrategien und -regeln erlernen
- Zeichensetzung üben
- Übungsdiktate zur Überprüfung

DIN-A5-Heft | 6,90 EUR (D) | 7,10 EUR (A) | 7,90 CHF (CH)

en

R (A) | 7,90 CHF (CH)

Besser lesen

1. bis 4. Klasse

- Freude am Lesen mit den Lesemonstern
- Lesekompetenz steigern
- genaues, sinnerfassendes Lesen üben

DIN-A5-Heft | 6,90 EUR (D) | 7,10 EUR (A) | 7,90 CHF (CH)

ng

(A) | 7,90 CHF (CH)

Englisch

3. bis 7. Klasse
und für Erwachsene

- lehrwerksunabhängig Englisch lernen
- Zeitformen und Grammatik erlernen
- Diktate, Übersetzungen und Vokabeln üben

DIN-A5-Heft | 6,90 EUR (D) | 7,10 EUR (A) | 7,90 CHF (CH)

106

7 € · 6 3
4 2
2 1
4 4 1 € bezahlen die Erwachsenen.

5 2 5 € (Gesamteinnahmen)
−4 4 1 € (Erwachsene)
8 4 € zahlen Kinder und Jugendliche.

84 € : 3 € =
60 € : 3 € = 20
24 € : 3 € = 8
84 € : 3 € = 28

Es nehmen 28 Kinder und Jugendliche teil.

6 3 (Erwachsene)
+2 8 (Kinder/Jugendliche)
9 1 Teilnehmer sind es insgesamt.

107

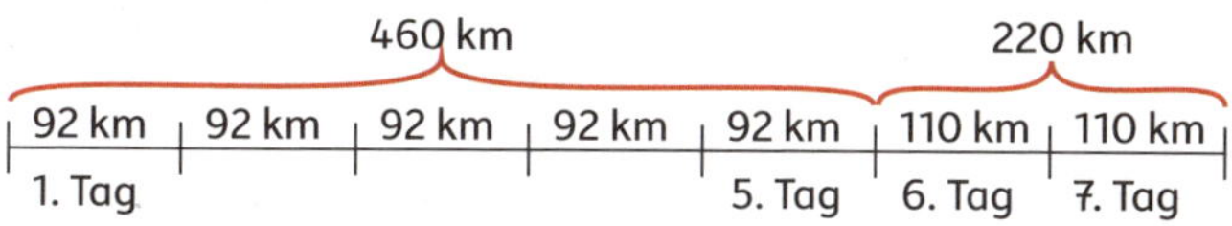

9 2 km · 5
4 6 0 km legt er an den ersten 5 Tagen zurück.

6 8 0 km
−4 6 0 km
2 2 0 km muss er an den letzten 2 Tagen zurücklegen.

2 2 0 km : 2 = 1 1 0 km muss er dann täglich zurücklegen

1 1 0 km (täglich an den letzten 2 Tagen)
− 9 2 km (täglich am 1. bis 5. Tag)
1 8 km (mehr an den letzten 2 Tagen)

Er muss an den letzten beiden Tagen jeweils 18 km mehr zurücklegen.

108

5 3 5 € (Kleiderschrank)
+3 2 0 € (Fernsehsessel)
8 5 5 € (gesamt)

65 € · 4 = 260 € sind nach 4 Monaten bezahlt.

8 5 5 €
−2 6 0 €
5 9 5 € zahlt er in weiteren 7 Monaten.

5 9 5 € : 7 = 8 5 € (Monatsrate der weiteren 7 Monate)
−5 6
3 5
−3 5
0

8 5 € (neue Monatsrate)
− 6 5 € (vorherige Monatsrate)
2 0 € (Unterschied)

Herr Wegmann erhöht die monatliche Rate um 20 €.

109

4 3 l (waren anfangs im Tank)
−1 3 l (sind noch im Tank)
3 0 l (wurden verbraucht)

Mit 30 l kann man 480 km fahren.

4 8 0 km : 30 = 1 6 km kann man mit einem Liter fahren.

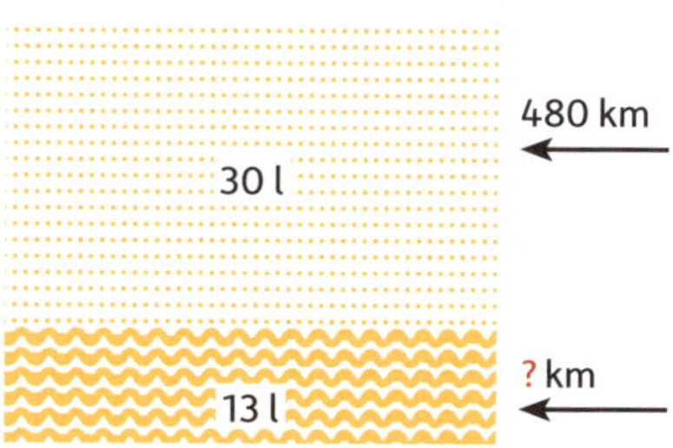

16 km · 13
16
48
208 km

Man kann noch 208 km damit fahren.

110 Hast du deine Freunde überraschen können?

111

1. Möglichkeit

2. Möglichkeit

Nun sind alle vier am anderen Ufer.

112 Diese Zahlen sind möglich: 147, 174, 417, 471, 714, 741.

Bei 714 : 2 ist das Ergebnis größer als 100.
Die Zahlen 147, 417, 471 und 741 sind nicht ohne Rest durch 2 teilbar.

174 : 2 = 87 ⟶ Fatima hat sich die Zahl 174 ausgedacht.
Sie ist durch 2 teilbar und die Hälfte der Zahl ist kleiner als 100.

113 128 + 4 · 273 − 7 · 85 = ?

273 · 4
1092 ist das 4-Fache.

128
+1092
1220

85 · 7
595 ist das 7-Fache.

1220
− 595
625

114 4 · 760 − 2432 : 8 + 14 528 : 2 = ?

760 · 4
3040

2432 : 8 = 304
−24
032
−32
0

14528 : 2 = 7264
−14
05
− 4
12
−12
08
− 8
0

3040
− 304
2736

2736
+ 7264
10000

115 9525 : 3 = 3175 
−9
05
−3
22
−21
15
−15
0

3583
−3175
408 

408
+408
816

816 : 6 = 136 
−6
21
−18
36
−36
0

 = 3175  = 136  = 408

116 17 · 409 + 2861 : 13 + ? = 10 000

409 · 17
409
2863
6953
(1. Zahl)

3861 : 13 = 297 (2. Zahl)
−26
126
−117
91
−91
0

6953
+ 297
7250

10000
− 7250
2750 heißt die 3. Zahl.

117 ? − 12 · 999 = 89 766 : 18
? − 11 988 = 4987
? = 11 988 + 4987
? = 16 975

999 · 12
999
1998
11988

89766 : 18 = 4987
−72
177
−162
156
−144
126
−126
0

11988
+ 4987
16975

118

7 m	=	700 cm
5 cm	=	0,05 m
2,1 km	=	2100 m
60 cm	=	600 mm
300 m	=	0,3 km
8 cm	=	80 mm
27 mm	=	2,7 cm
0,5 cm	=	5 mm

119

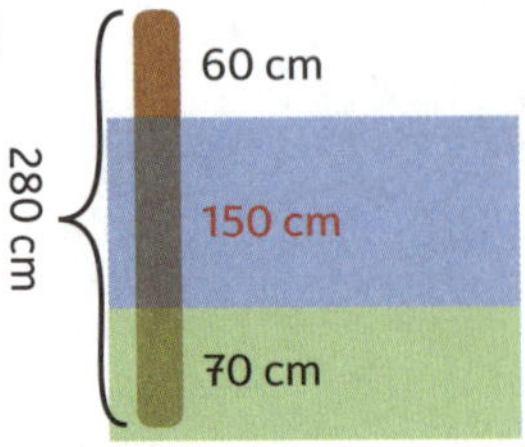

280 cm : 4 = 70 cm (stecken im Kiesboden)

280 cm (ganzer Pfahl)	–	70 cm (im Boden)	–	60 cm (in der Luft)	=	150 cm (im Wasser)

Das Wasser ist 1,50 m tief.

120

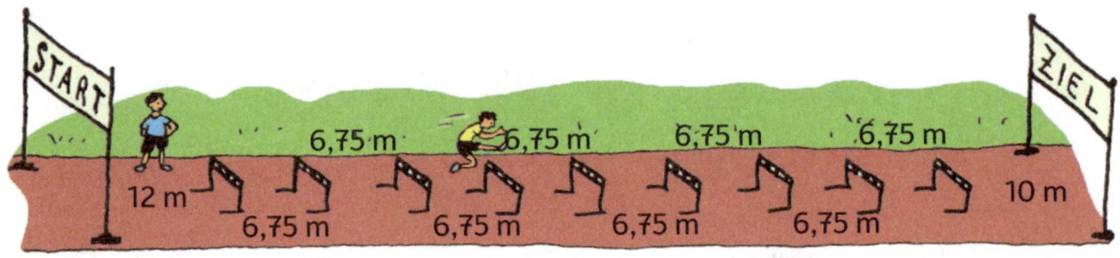

Beachte, dass es 9 Hürden sind, aber nur 8 Abstände von einer Hürde zur nächsten!

$$6{,}75\,\text{m} \cdot 8 = 54{,}00\,\text{m}$$

$$12\,\text{m} + 54\,\text{m} + 10\,\text{m} = 76\,\text{m}$$

Die gesamte Laufstrecke ist 76 m lang.

121

80 cm – 50 cm = 30 cm	1. Tag
30 cm + 80 cm = 110 cm 110 cm – 50 cm = 60 cm	2. Tag
60 cm + 80 cm = 140 cm 140 cm – 50 cm = 90 cm	3. Tag
90 cm + 80 cm = 170 cm 170 cm – 50 cm = 120 cm	4. Tag
120 cm + 80 cm = 200 cm (Ziel erreicht)	5. Tag

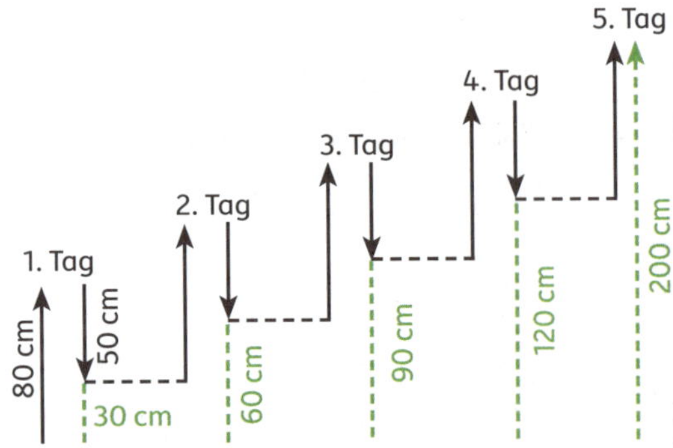

Die Schnecke erreicht am 5. Tag den 2 m hohen Brunnenrand und rutscht dann nicht mehr herunter.

122

2 km 180 m = 2180 m (vom Stadttor bis zur Burgruine)
2 km 70 m = 2070 m (von Burgruine bis zur Kapelle)
2,040 km = 2040 m (von Kapelle bis zum Stadttor)
6290 m (pro Tag)

6290 m · 7
44 030 m = 44,030 km (1 Woche) Tobias läuft in einer Woche 44,030 km.

123 Daniel fährt jeden Tag 2-mal die Strecke (**einmal** hin und **einmal** zurück).
In einer Woche (5 Tage) fährt er somit die Strecke 5 · 2-mal = 10-mal.

Diese Woche:

$$\begin{array}{r} 1800\,\text{m} \\ +\,1500\,\text{m} \\ \hline 3300\,\text{m} \end{array}$$

$10 \cdot 3300\ \text{m} = 33000\ \text{m} = 33\ \text{km}$

Letzte Woche:

$10 \cdot 2400\ \text{m} = 24000\ \text{m} = 24\ \text{km}$

$$\begin{array}{r} 33\,\text{km} \\ -\,24\,\text{km} \\ \hline 9\,\text{km} \end{array}$$

Daniel fährt diese Woche 9 km mehr.

124 Beachte: Lisa geht hin **und** zurück.

Am **Vormittag** ging sie:

$$\begin{array}{r} 270\,\text{m} \cdot 172 \\ \hline 270 \\ 1890 \\ 540 \\ \hline 46440\,\text{m} \end{array}$$

(nur Hinweg)

$46440\ \text{m} \cdot 2 = 92880\ \text{m}$
(Hin- und Rückweg)

Am **Nachmittag** ging sie:

$$\begin{array}{r} 270\,\text{m} \cdot 41 \\ \hline 1080 \\ 270 \\ \hline 11070\,\text{m} \end{array}$$

(nur Hinweg)

$11070\ \text{m} \cdot 2 = 22140\ \text{m}$
(Hin- und Rückweg)

$$\begin{array}{rl} 92880\,\text{m} & \text{(vormittags)} \\ +\ 22140\,\text{m} & \text{(nachmittags)} \\ \hline 115020\,\text{m} & = 115,020\,\text{km} \end{array}$$

Lisa legte im Laufe des Jahres 115 km und 20 m zurück.

125

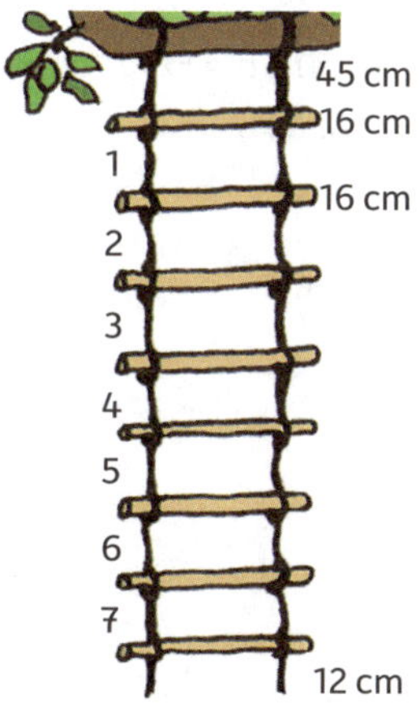

16 cm · 8 = 128 cm braucht Niklas für die Knoten an einem Seil.

$$\begin{array}{rl} 128\,\text{cm} & \text{(Knoten)} \\ 45\,\text{cm} & \text{(oberes Ende)} \\ +\ 12\,\text{cm} & \text{(unteres Ende)} \\ \hline 185\,\text{cm} & \end{array}$$

$$\begin{array}{r} 360\,\text{cm} \\ -\,185\,\text{cm} \\ \hline 175\,\text{cm} \end{array}$$

$175\ \text{cm} : 7 = 25\ \text{cm}$

Die Steighöhe ist 25 cm.

126 1 Stück Appenzeller wiegt 500 g.
1 Stück Bergkäse wiegt 250 g.
1 Stück Emmentaler wiegt 200 g.

127

$$\begin{array}{r} 125\,g \cdot 5 \\ \hline 625\,g \text{ (Joghurt)} \end{array}$$

4500 g	(Kartoffeln)
3250 g	(Äpfel)
1050 g	(Zwiebeln)
250 g	(Butter)
80 g	(Schinken)
625 g	(Joghurt)
+ 250 g	(Käse)
10005 g = 10,005 kg	

Ja, die Mutter hat recht, denn es sind mehr als 10 kg.

128 3 t = 3000 kg

1750 kg	(Traktor)
75 kg	(Landwirt)
630 kg	(leerer Anhänger)
+ 655 kg	(Säcke auf dem Anhänger)
3110 kg	(Gesamtgewicht)

3110 kg	(Gesamtgewicht)
−3000 kg	(auf der Brücke erlaubt)
110 kg	(zu viel geladen)

Nein, der Landwirt darf nicht über die Brücke fahren, weil er 110 kg zu viel geladen hat.

129 Die **Sauerkrautfässer** wiegen:

$$\begin{array}{r} 60\,kg \cdot 7 \\ \hline 420\,kg \end{array}$$

1500 kg	(Gewicht des leeren Lastwagens)
900 kg	(Kartoffeln)
420 kg	(Sauerkrautfässer)
75 kg	(Fahrer)
+ 52 kg	(Benzin)
2947 kg	

Ja, der Fahrer darf über die Brücke fahren.
Er dürfte noch 53 kg laden.

Das **Benzin** wiegt:

$$\begin{array}{r} 800\,g \cdot 65 \\ \hline 4800 \\ 4000 \\ \hline 52000\,g \end{array} = 52\,kg$$

3 t = 3000 kg

$$\begin{array}{r} 3000\,kg \\ -2947\,kg \\ \hline 53\,kg \end{array}$$

130 3 Tafeln Schokolade **zu je** 120g = 360 g.

360 g	(Schokolade)
375 g	(Pralinen)
930 g	(Bücher)
+ 150 g	(Verpackung)
1815 g	(Gesamtgewicht)

Das Päckchen wird 1815 g schwer.

2000 g	(Höchstgewicht)
−1815 g	(Gesamtgewicht)
185 g	(mögliches Restgewicht)

$$\begin{array}{l} 185\,g : 6\,g = 30 \text{ Rest } 5\,g \\ -18 \\ \hline \ \ 05 \\ \ \ -0 \\ \hline \ \ \ \ 5 \end{array}$$

Sie kann noch 30 Schokoladentaler dazupacken.

131

$5 \cdot 3 = 15$

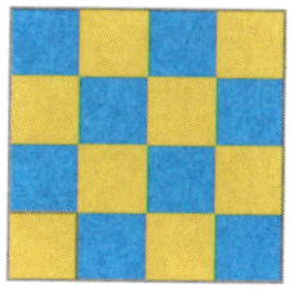

$4 \cdot 4 = 16$

Nein, Laura braucht 15 Mosaiksteine, Ben braucht 16 Mosaiksteine.

132 Es gibt verschiedene Rechenwege. Hier ein Beispiel:

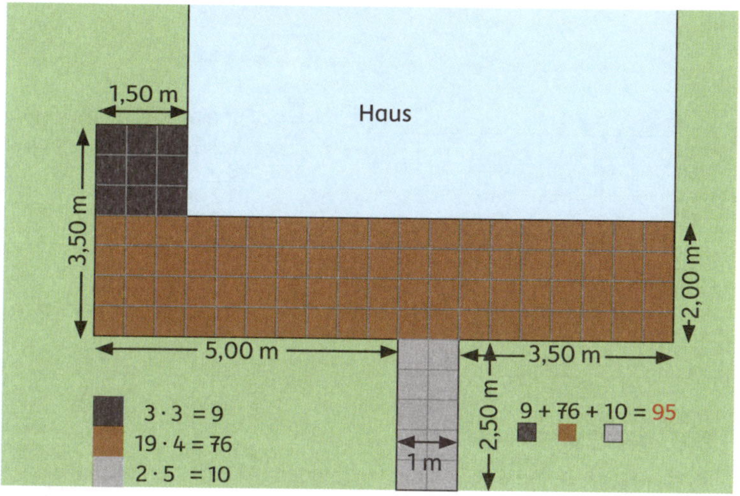

95 Fliesen werden gebraucht.

133

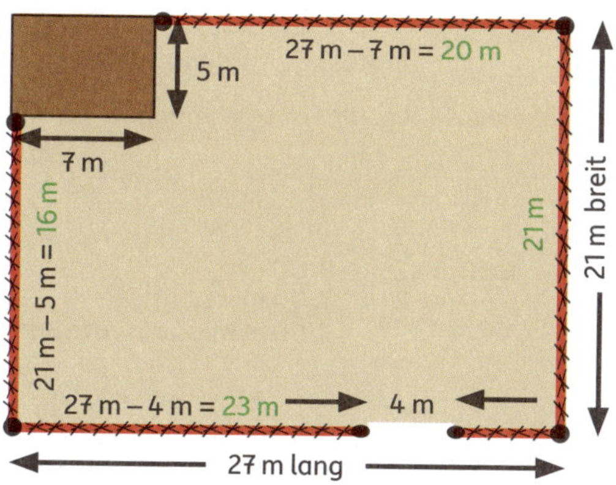

Zaunlänge:

$$\begin{array}{r} 20\,m \\ 23\,m \\ 21\,m \\ +16\,m \\ \hline 80\,m \end{array}$$

$12{,}90\,€ \cdot 80$
$1032{,}00\,€$ kostet der Zaun bei Baumarkt SÜD.

1305 € (Zaun bei Firma NORD)
– 1032 € (Zaun bei Baumarkt SÜD)
273 € (Ersparnis)

Das Angebot von Baumarkt SÜD ist günstiger. 273 € kann Herr Bauer dort sparen.

134 Frage: Wie viele Meter Draht werden gebraucht?

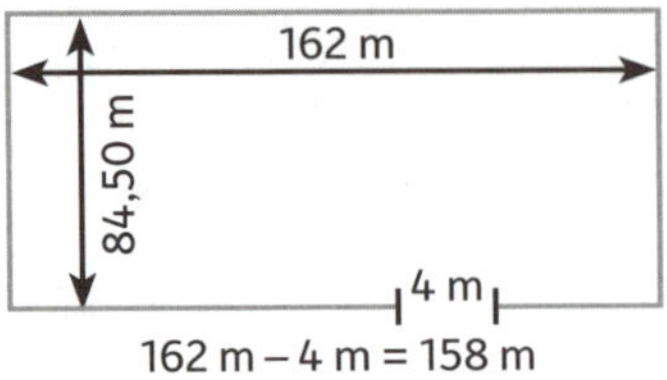

$84{,}50\,m \cdot 2 = 169\,m$

162 m (Längsseite)
158 m (Längsseite bei Einfahrt)
+ 169 m (zwei Breitseiten)
489 m (Draht einfach)

$489\,m \cdot 2 = 978\,m$

978 m (Draht zweifach)
+ 13 m (für Befestigung)
991 m (Gesamtlänge)

Es werden 991 m Draht gebraucht.

135

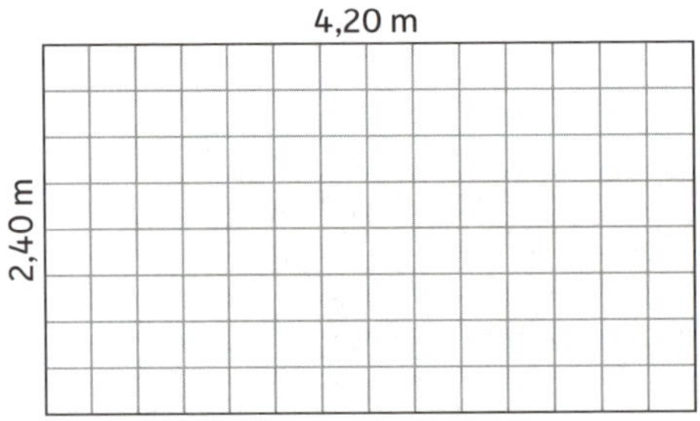

Für eine Reihe braucht man:

420 cm : 30 cm = 14 (Fliesen)
−30
120
−120
0

Es sind:

240 cm : 30 cm = 8 (Reihen)
−240
0

$14 \cdot 8$
112 Fliesen werden gebraucht.

112 : 20 = 5 Rest 12 ⟶ 6 Packungen müssen gekauft werden.
−100
12

$62\,€ \cdot 6$
372 € ⟶ Die Fliesen kosten 372 €.

136 Nein, die Quadrate haben keine gebogenen Seiten. Dies ist eine optische Täuschung.

137 3,80 m + 0,50 m + 0,50 m = 4,80 m
2,50 m + 0,50 m + 0,50 m = 3,50 m

4,80 m · 2 = 9,60 m
3,50 m · 2 = 7,00 m
16,60 m muss das rote Band lang sein

oder:

3,80 m · 2 = 7,60 m
2,50 m · 2 = 5,00 m

7,60 m (zwei Längsseiten der Baugrube)
5,00 m (zwei Breitseiten der Baugrube)
+ 4,00 m (8 · 50 cm an den Ecken)
16,60 m muss das rote Band lang sein.

138

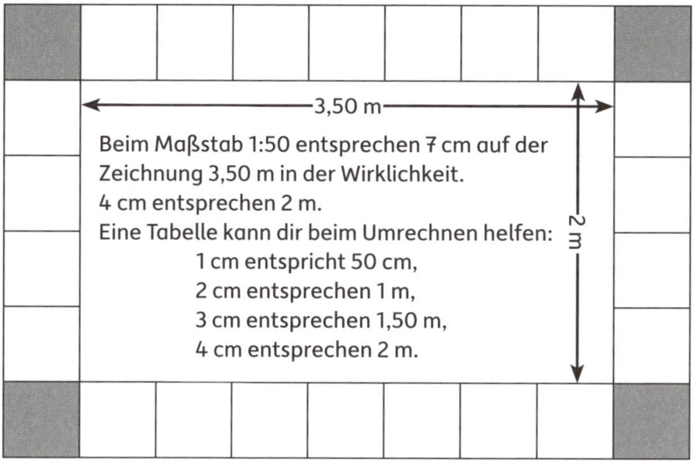

Frage: Wie viele Fliesen werden gebraucht?

350 cm : 50 cm = 7 (Fliesen an einer Längsseite)
200 cm : 50 cm = 4 (Fliesen an einer Breitseite)

  14 (Fliesen an den Längsseiten)
   8 (Fliesen an den Breitseiten)
+ 4 (Eckfliesen)
  26 Fliesen werden gebraucht.

139

400 ml	150 ml	100 ml		
1	2	3	400 ml + 300 ml + 300 ml =	1000 ml
1	4	0	400 ml + 600 ml =	1000 ml
1	0	6	400 ml + 600 ml =	1000 ml
2	0	2	800 ml + 200 ml =	1000 ml
0	2	7	300 ml + 700 ml =	1000 ml
0	4	4	600 ml + 400 ml =	1000 ml
0	6	1	900 ml + 100 ml =	1000 ml
0	0	10	1000 ml =	1000 ml

140 Frage: Wie viel hat Alessia an diesem Tag getrunken?

$\frac{1}{4}$ l = 250 ml (Tee)
0,3 l = 300 ml (Kakao)
250 ml = 250 ml (Orangensaft)
0,7 l = 700 ml (Mineralwasser)
400 ml = 400 ml (Früchtetee)
1900 ml = 1 l 900 ml hat Alessia an diesem Tag getrunken.

141 2 ml · 60 = 120 ml gehen in einer Minute verloren.
120 ml · 60 = 7200 ml (= 7 l 200 ml) gehen in einer Stunde verloren.

```
7200 ml · 24
   14400
    28800
   172800 ml
```

172800 ml (= 172 l 800 ml = 1 hl 72 l 800 ml) gehen an einem Tag verloren.

142 1 l Apfelsaft in zwei Flaschen kostet: 2 · 80 ct = 1,60 €
1 l Apfelsaft in fünf 0,2 l-Päckchen kostet 5 · 35 ct = 1,75 €

```
  1,75 €
– 1,60 €
  0,15 €
```

Hanna sollte 2 Flaschen kaufen. Sie spart dabei 15 ct.

143

```
750 ml · 5
     3750 ml
```

3750 ml haben sie zusammen getrunken.
3750 ml : 3 = 1250 ml = 1,250 l hat Felix getrunken.

```
  3,750 l (gemeinsam getrunken)
– 1,250 l (hat Felix getrunken)
  2,500 l
```

2,500 l = 2,5 l hat Paul getrunken.

144 Ja, die Kugeln sind immer an der gleichen Stelle. Im unteren Bild meint man wegen des Schattens, dass die Kugeln schweben.

145
14.52 Uhr —— + 8 min ——→ 15.00 Uhr
15.00 Uhr —— + 1 h ——→ 16.00 Uhr
16.00 Uhr —— + 10 min ——→ 16.10 Uhr
14.52 Uhr —— 1h 18 min ——→ 16.10 Uhr

1 Stunde und 18 Minuten sind vergangen.

Viele Kinder rechnen so:

```
  16.10 Uhr
– 14.52 Uhr
   1.58 Uhr  = 1 h 58 min
```

Das ist **falsch**, denn 1 Stunde hat nur 60 Minuten und **nicht** 100 Minuten. Rechne also niemals so!

146
17.20 Uhr —— – 1 h ——→ 16.20 Uhr
16.20 Uhr —— – 20 min ——→ 16.00 Uhr
16.00 Uhr —— – 15 min ——→ 15.45 Uhr
= 1 h 35 min

Die beiden hätten um 15.45 Uhr zu Hause sein sollen.

147 (Beginn des Spiels) 16.30 Uhr —— + 30 min ——→ 17.00 Uhr
17.00 Uhr —— + 55 min ——→ 17.55 Uhr (Ende des Spiels)
= 85 min = 60 min + 25 min = 1 h 25 min

Das Spiel dauerte 1 Stunde und 25 Minuten.

148 1 h 10 min (Reiten) + 28 min (Fahrzeit) = 1 h 38 min

16.25 Uhr —— – 1 h ——→ 15.25 Uhr
15.25 Uhr —— – 25 min ——→ 15.00 Uhr
15.00 Uhr —— – 13 min ——→ 14.47 Uhr
16.25 Uhr —— – 1h 38 min ——→ 14.47 Uhr

Um 14.47 Uhr ist Alina von zu Hause weggefahren.

149 7.45 Uhr —— + 4 Stunden ——→ 11.45 Uhr

Abfahrt von zu Hause —— $3\frac{1}{2}$ Std. Fahrt + $\frac{1}{2}$ Std. Pause ——→ Ziel

80 km · 3 = 240 km (fuhr sie in 3 Stunden)
80 km : 2 = 40 km (fuhr sie in einer halben Stunde)
280 km fuhr sie in $3\frac{1}{2}$ Stunden.

150 8.32 Uhr —— + 1 h ——→ 09.32 Uhr
9.32 Uhr —— + 55 min ——→ 10.27 Uhr (Ankunft am Fischteich)
10.27 Uhr —— + 35 min ——→ 11.02 Uhr (Pause beendet)
11.02 Uhr —— + 40 min ——→ 11.42 Uhr (Ankunft an der Burg)
11.42 Uhr —— + 2 h 20 min ——→ 14.02 Uhr (Burgbesichtigung beendet)
14.02 Uhr —— + 1 h 50 min ——→ 15.52 Uhr (Ankunft zu Hause)

Familie Fröhlich kommt um 15.52 Uhr nach Hause.

115 min (Fahrt zum Fischteich)
35 min (Pause am Fischteich)
40 min (Fahrt zur Burg)
140 min (Burgbesichtigung)
+ 110 min (Fahrt nach Hause)
440 min (Fahrt insgesamt)

440 min : 60 min = 7 h 20 min
– 420
20 Rest

oder:

8.32 Uhr —— + 7 h ——→ 15.32 Uhr
15.32 Uhr —— + 20 min ——→ 15.52 Uhr
= 7 h 20 min

Der gesamte Ausflug dauert 7 Stunden und 20 Minuten.

151 7.35 Uhr —— + 25 min ——→ 8.00 Uhr
8.00 Uhr —— + 9 h ——→ 17.00 Uhr
= 9 h 25 min ist Frau Müller nicht zu Hause.

Fahrzeit und Mittagspause: 1 h 6 min + 45 min = 1 h 51 min

9 h 25 min – 1 h = 8 h 25 min
8 h 25 min – 25 min = 8 h
8 h – 26 min = 7 h 34 min

Frau Müller arbeitet täglich 7 Stunden und 34 Minuten.

152

8.50 Uhr —+ 70 min→ 10.00 Uhr
10.00 Uhr —+ 20 min→ 10.20 Uhr
10.20 Uhr — Pause → 10.55 Uhr
10.55 Uhr —+65 min→ 12.00 Uhr
12.00 Uhr —+15 min→ 12.15 Uhr
= 170 min = reine Fahrzeit

$$\begin{array}{r} 210\,\text{m} \cdot 170 \\ 210 \\ 14700 \\ \hline 35700\,\text{m} = 35{,}700\,\text{km} \end{array}$$

Jakob und Lukas sind 35,700 km gefahren.

153

2400 l : 30 l = 80

Der Wasserhahn läuft 80 Minuten lang.
Das sind 1 Stunde und 20 Minuten.

7.30 Uhr —+ 1 h→ 8.30 Uhr
8.30 Uhr —+ 20 min→ 8.50 Uhr

Um 8.50 Uhr ist das Schwimmbecken voll.

154

3 l + 2 l = 5 l (fließen in einer Sekunde in den Wasserbehälter)
800 l : 5 l = 160 Nach 160 Sekunden ist der Behälter voll.

160 Sekunden = $\underbrace{2 \cdot 60 \text{ Sekunden}}_{2 \text{ Minuten}}$ + 40 Sekunden. (60 Sekunden = 1 Minute)

Nach 2 Minuten und 40 Sekunden ist der Behälter voll.

155

Der Maßstab 1:50 bedeutet, dass 1 cm auf dem Bild 50 cm in der Wirklichkeit entsprechen.
Das Gleiche gilt für mm: 1 mm entsprechen 50 mm.

32 mm · 50
1 600 mm = 160 cm ist Jan groß.

Jan	Felix	Hannes	Paul	Yannik
160 cm	150 cm	140 cm	130 cm	125 cm

156

12 mm auf der Zeichnung entsprechen 1200 mm in der Wirklichkeit.
1200 mm = 120 cm = 1,20 m
Der Schreibtisch darf höchstens 1,20 m breit sein.

157

24 cm · 25000
48
120000
600000 cm = 6000 m = 6 km ist der Weg in Wirklichkeit.

24 cm : 2 = 12 cm wäre der Weg lang auf einer Karte mit dem Maßstab 1:50 000.

Merke: Die Strecken auf der Karte werden kürzer, wenn du den Maßstab vergrößerst. Beim Maßstab 1:50 000 ist die Strecke auf der Karte **genau halb so lang** wie die Strecke auf einer Karte mit dem Maßstab 1:25 000.

158

610 Personen insgesamt				
Kinder	Kinder	Kinder	Kinder	Erwachsene

4 Teile Kinder — 1 Teil Erwachsene
= 5 Teile

610 : 5 = 122
122 · 4 = 488 Kinder waren im Freibad.

159

1710 € (Einkaufspreis)
\+ 540 € (Gewinn)
2250 € (Verkaufspreis für alle)

2250 € : 15 = 150 €
−15
75
−75
00

oder:

1710 € : 15 = 114 € (Preis pro Staubsauger ohne Gewinn)
540 € : 15 = 36 € (Gewinn pro Staubsauger)
150 € (Verkaufspreis pro Staubsauger)

Die Firma Reinlich muss jeden Staubsauger für 150 € verkaufen.

160

800 kg (Weizen)
350 kg (Kartoffeln)
\+ 482 kg (Kraut)
1632 kg (bisher auf dem Wagen)

2 t = 2000 kg

2000 kg (dürfen geladen werden)
−1632 kg (ist schon geladen)
368 kg Obst kann man noch dazuladen.

368 kg : 16 kg = 23

23 Kisten Obst können noch dazugeladen werden.

161

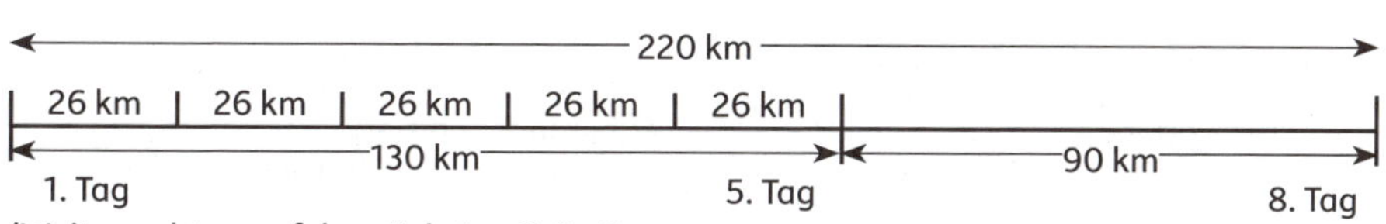

(Weiter geht es auf der nächsten Seite!)

26 km · 5
130 km geht er in den ersten 5 Tagen.

220 km
−130 km
90 km muss er noch zurücklegen.

90 km : 3 = 30 km (muss er am 6., 7. und 8. Tag gehen)

30 km − 26 km = 4 km muss er an den drei restlichen Tagen täglich mehr zurücklegen.

162

270 € (Stuhl + Regal)
+230 € (Stuhl + Tisch)
500 € (2 Stühle + Regal + Tisch)
−340 € (Regal + Tisch)
160 € (2 Stühle)

160 € : 2 = 80 € kostet ein Stuhl.

270 € (Stuhl + Regal)
− 80 € (Stuhl)
190 € kostet ein Regal.

230 € (Stuhl + Tisch)
− 80 € (Stuhl)
150 € kostet ein Tisch.

163

3,50 m (schafft Baufirma Langsam pro Tag)
+5,50 m (schafft Baufirma Schnell pro Tag)
9,00 m (schaffen beide Firmen zusammen pro Tag)

513 m : 9 m = 57
−45
63
−63
0

Nach 57 Tagen ist der Tunnel fertig.

3,50 m · 57
1750
2450
199,50 m schafft Baufirma Langsam.

5,50 m · 57
2750
3850
313,50 m schafft Baufirma Schnell.

164 Du siehst hier mehr Tiere als Kinder, weil **zwei** Kinder jeweils **zwei** Tiere haben.

3 Kinder haben nur eine Katze.

2 Kinder haben je eine Katze und einen Hund.

6 Kinder haben nur einen Hund.

3 (Kinder **nur** Katze)
6 (Kinder **nur** Hund)
+ 2 (Kinder mit Katze **und** Hund)
11 (Kinder mit Tier(en))

11 (Kinder mit Tier(en))
+14 (Kinder ohne Tier)
25 Kinder sind in der Klasse.

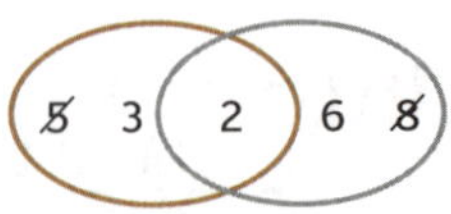

Katzen Hunde

165

15,80 € : 2 = 7,90 € (Bergkäse)
−14
18
−18
0

12,60 € : 4 = 3,15 € (Emmentaler)
−12
06
−4
20
−20
0

15,90 € (zahlt Frau Jäger)
−13,60 € (Preis ohne Aufschnitt)
2,30 € (200 g Aufschnitt)

1,70 € : 2 = 0,85 €

1,70 € (Preis für 100 g Schinken)
+0,85 € (Preis für 50 g Schinken)
2,55 € (Preis für 150 g Schinken)

7,90 € (Bergkäse)
2,55 € (Schinken)
+ 3,15 € (Emmentaler)
13,60 € (Preis ohne Aufschnitt)

2,30 € : 2 = 1,15 €

100 g Aufschnitt kosten 1,15 €.

166

230 €
−200 €
30 € : 2 = 15 €

15 € (Helm)
+200 € (mehr als Helm)
215 € kostet das Fahrrad.

Der Fahrradhelm kostet 15 €.

Preis des Fahrrads

15 €	200 €
15 €	

Helm

oder:

230 € : 2 = 115 €

115 € + 100 € → 215 € (Preis des Fahrrads)
115 € − 100 € → 15 € (Preis des Fahrradhelms)

15 €	100 €	100 €	15 €

167

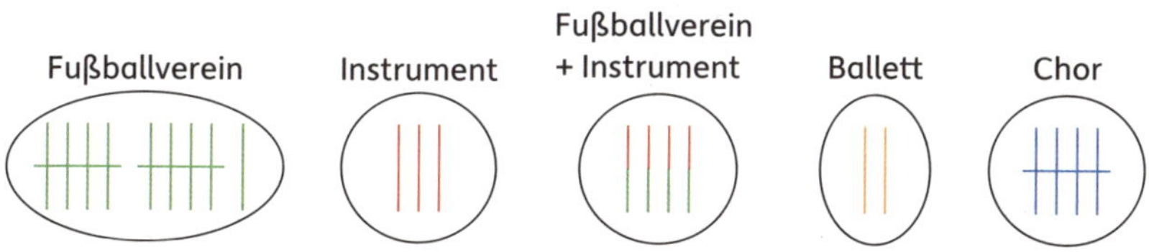

11 + 3 + 4 + 2 + 5 = 25

oder:

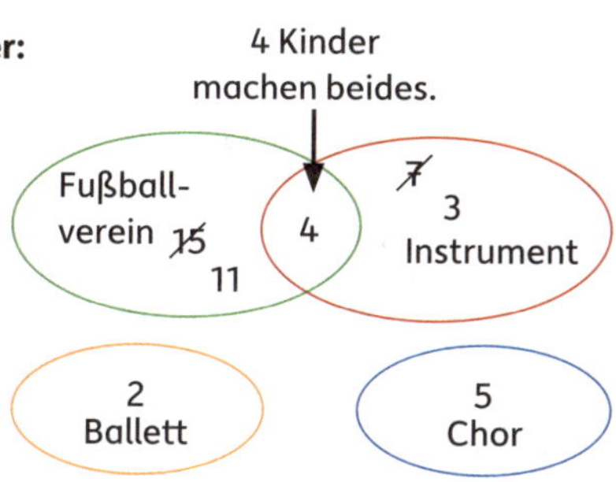

15 + 7 − 4 + 2 + 5 = 25

In dieser Klasse sind 25 Kinder.

168

Wenn alle 3 Busse gleich groß wären, dann könnten 141 Personen befördert werden:

124 + 6 + 11 = 141

141 : 3 = 47 Personen haben in einem großen Bus Platz.

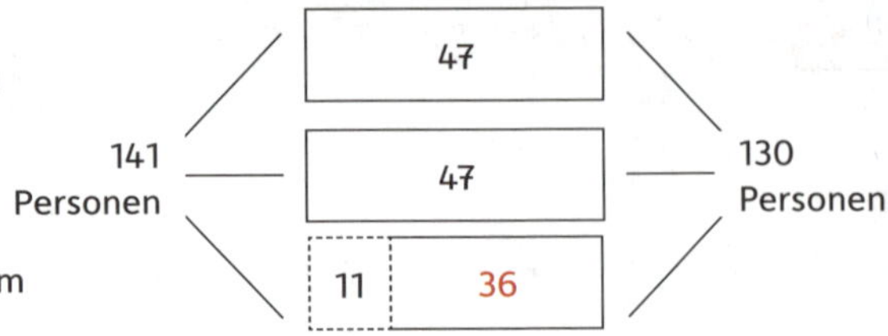

Im kleineren Bus haben 11 Personen weniger Platz: 47 – 11 = 36

Der kleinere Bus hat 36 Plätze.

169

Der Altersunterschied zwischen Mutter und Tochter ist 24 Jahre. Egal wie alt Anne ist, ihre Mutter ist immer um 24 Jahre älter. Nur wenn Anne so alt wie der Unterschied (24 Jahre) ist, ist die Mutter doppelt so alt wie Anne.

24 Jahre (Anne) + 24 Jahre (Unterschied) = 48 Jahre

Anne ist jetzt 24 Jahre alt, ihre Mutter ist 48 Jahre (= doppelt so alt wie Anne) alt.

170

a)

```
  23
  25
+ 28
  76 (Schüler insgesamt)
```

```
130 ct · 76
     910
      780
    9880 ct = 98,80 €
```

```
240 ct · 3
    720 ct = 7,20 €
```

```
   98,80 € (Kosten Schüler)
+   7,20 € (Kosten Lehrer)
  106,00 € (Gesamtkosten)
```

```
  200 € (gibt der Lehrer)
– 106 € (Gesamtkosten)
   94 € bekommt der Lehrer zurück.
```

b)

76	(Schüler)
+ 3	(Lehrer)
79	(Personen)

79 : 14 = 5 R 9 → Die Kutsche muss 6-mal fahren.
−70
9

$6 \cdot 15$ min = 90 min = $1\frac{1}{2}$ h

Es dauert $1\frac{1}{2}$ Stunden (= 1 Stunde 30 Minuten) bis alle gefahren sind.

171

26,95 € bezahlt Julia für: S S S + P P P P

− 9,55 € bezahlt Sarah für: S S S + P

17,40 € bezahlt Julia mehr, weil sie **3 Schachteln Pralinen** mehr gekauft hat. P P P

17,40 € : 3 = 5,80 € kostet eine Schachtel Pralinen.
−15
24
−24
0

9,55 € bezahlt Sarah für: S S S + P

9,55 €	
−5,80 €	(eine Schachtel Pralinen)
3,75 €	(3 Tafeln Schokolade)

3,75 € : 3 = 1,25 €

1,25 € kostet eine Tafel Schokolade.

172

10 €

5 kg Äpfel + Restgeld (3 kg Äpfel)

5 kg Äpfel + 3 kg Äpfel

8 kg Äpfel kosten 10 €.

10 € = 1000 ct

1000 ct : 8 = 125 ct = 1,25 €
−8
20
−16
40
−40
0

1 kg Äpfel kostet 1,25 €.

173

Beachte, dass es 27 Schüler sind, der **Klassensprecher und die 26 Mitschüler**.

8 € · 27
16
56
216 €

135 ct · 27
270
945
3645 ct = 36,45 € (Geld für Eis)

130,00 €	(Fahrtkosten)
43,65 €	(Eintrittsgeld)
+ 36,45 €	(Geld für Eis)
210,10 €	(Gesamtkosten)

216,00 €	(gesammeltes Geld)
−210,10 €	(Gesamtkosten)
5,90 €	(bleibt noch übrig)

Es bleiben dann noch 5,90 € übrig.

174

14,4 t : 3 t = 4 Rest 2,4 t
−1 2
2,4

Landwirt Durstig muss 5-mal fahren.

1 7 km (Hinfahrt)
+1 7 km (Rückfahrt)
3 4 km (Hin- und Rückfahrt)

34 km · 5
1 7 0 km
Er hat insgesamt 170 km zurückgelegt.

14,4 t = 14 400 kg

14400 kg : 18 kg = 800 Kisten
−144
0

18 kg

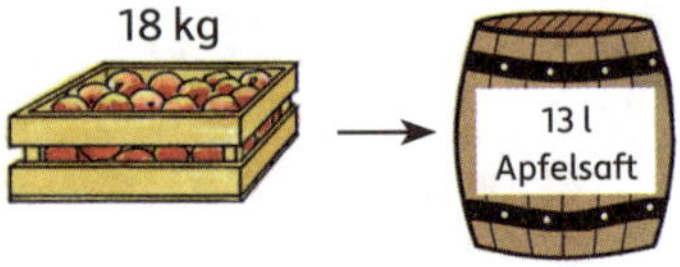

13 l · 800
10400 l

Landwirt Durstig erhält 10 400 l oder 104 hl Apfelsaft.

175

1,80 € · 1 3 0
18 0
5 4 0 0
234,00 € kosten die Äpfel.

3 7 € · 4
148 € kosten die Weintrauben.

2 3 4 € (Äpfel)
+1 4 8 € (Weintrauben)
3 8 2 €

4 1 2, 6 0 € (kostet alles zusammen)
−3 8 2, 0 0 € (kosten Äpfel und Weintrauben)
3 0, 6 0 € (kosten die 17 kg Pflaumen)

1 kg Pflaumen kostet 1,80 €.

3 0, 6 0 € : 1 7 = 1,80 €
−1 7
1 3 6
−1 3 6
0

176

3 4 0 g
−1 0 0 g
2 4 0 g wiegen die beiden Kugeln zusammen.

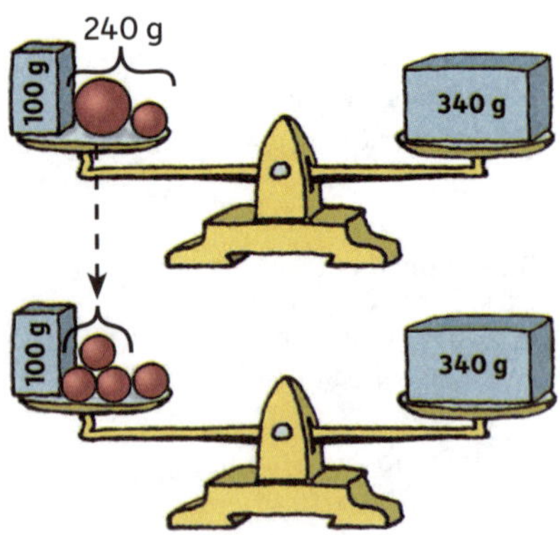

240 g : 4 = 60 g wiegt die kleinere Kugel.

60 g · 3 = 180 g wiegt die größere Kugel.

177 Jedes Fahrzeug muss mindestens 2 Reifen haben. Das wären dann $40 \cdot 2 = 80$ Reifen

Da es aber insgesamt 93 Reifen sind,
müssen 13 Dreiräder dabei sein: 93 – 80 = 13
Es sind 27 Fahrräder im Laden: 40 – 13 = 27

178

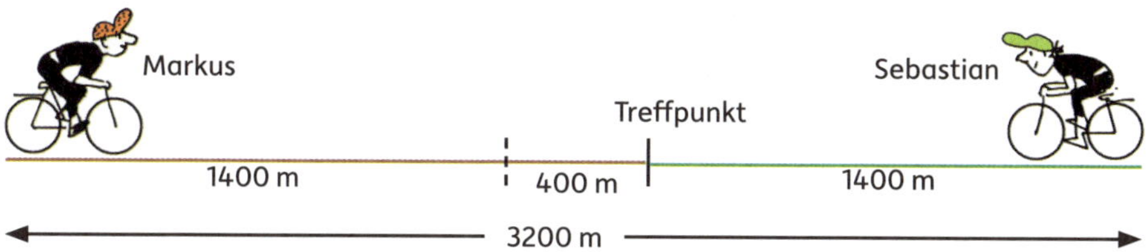

3200 m (gesamte Strecke)
– 400 m (fährt Markus mehr)
2800 m

2800 m : 2 = 1400 m fährt Sebastian.

1400 m (fährt Sebastian)
\+ 400 m (fährt Markus mehr)
1800 m fährt Markus insgesamt.

oder:

3200 m : 2 = 1600 m

1600 m + 200 m = 1800 m
1600 m – 200 m = 1400 m

Probe:

1400 m (Sebastian)
\+ 1800 m (Markus)
3200 m (gesamte Strecke)

1800 m (Markus)
– 1400 m (Sebastian)
400 m (fährt Markus mehr)

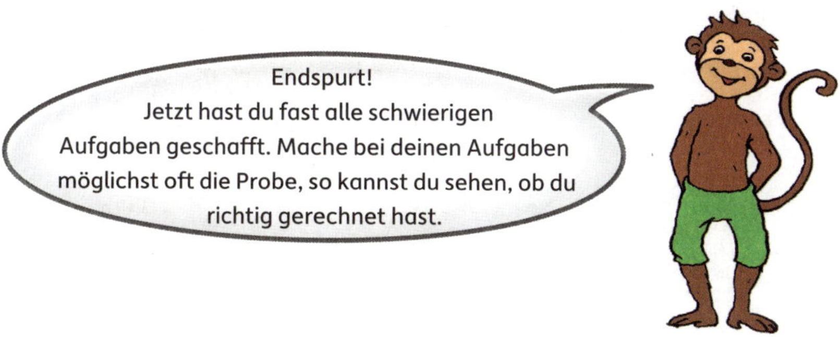

179 3 min · 8 = 24 min
30 s · 8 = 240 s = 4 min

  24 min
+ 4 min
  28 min fährt Eva.

14.50 Uhr ——— + 10 min ⟶ 15.00 Uhr
15.00 Uhr ——— + 18 min ⟶ 15.18 Uhr   Um 15.18 Uhr ist Eva am See.

9 km = 9000 m
9000 m : 300 m = 30

  30 min (reine Fahrzeit)
+ 5 min (Unterbrechung)
  35 min braucht Laura zum See.

14.45 Uhr ——— + 15 min ⟶ 15.00 Uhr
15.00 Uhr ——— + 20 min ⟶ 15.20 Uhr   Um 15.20 Uhr ist Laura am See.

15.18 Uhr ——— + 2 min ⟶ 15.20 Uhr

Eva ist eher am Ziel und muss 2 Minuten auf Laura warten.

180 14 km 400 m = 14 400 m

14400 m : 60 min = **240 m pro Minute** legt Marie zurück.
−120
  240
  240
    00

240 m · 7
1680 m fährt Marie in 7 Minuten.

5 m · 60 = **300 m pro Minute** legt Tim zurück.
300 m · 7 = 2100 m fährt Tim in 7 Minuten.

  2100 m (fährt Tim in 7 Minuten)
− 1680 m (fährt Marie in 7 Minuten)
  420 m (ist der Vorsprung)

Tim hat nach 7 Minuten einen Vorsprung von 420 m.

181 Es gibt verschiedene Möglichkeiten. Hier siehst du zwei Beispiele:

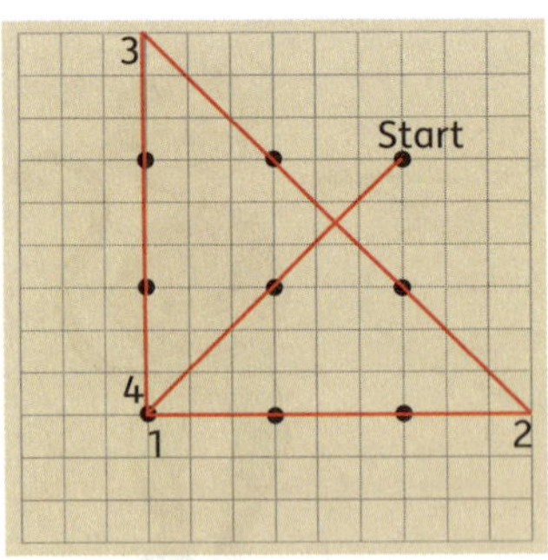

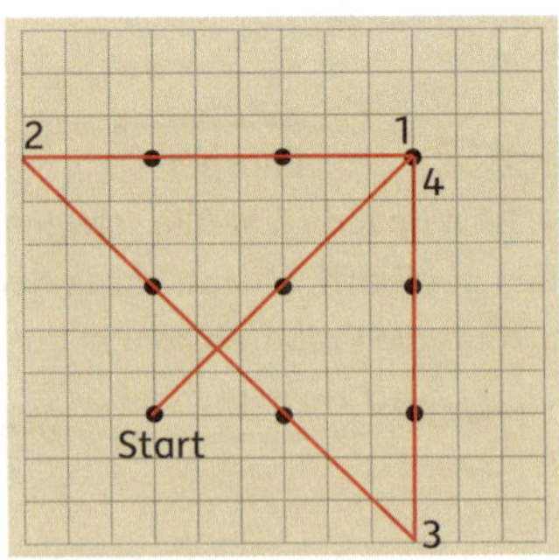

182

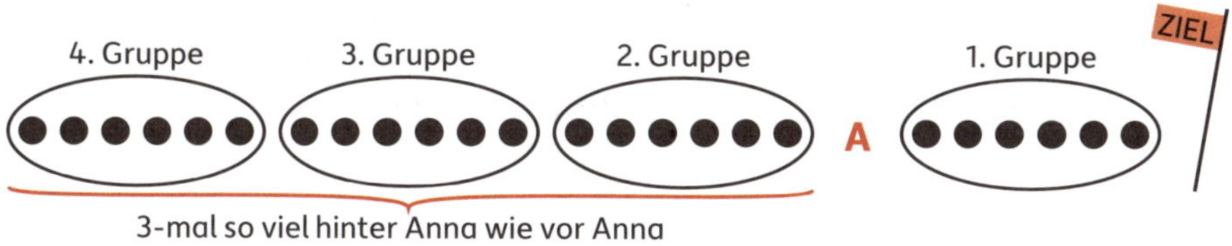


```
  25 (Kinder)
–  1 (Anna)
  24 (Kinder in 4 Gruppen)
```

24 : 4 = 6 Kinder sind in einer Gruppe.

Vor Anna sind 6 Kinder (erste Gruppe).
Anna belegt den 7. Platz.

183

a) 10.35 Uhr ——— + 25 min ———→ 11.00 Uhr   Nach 69 Minuten startet der letzte Fahrer.

11.00 Uhr ——— + 44 min ———→ 11.44 Uhr

$69 \text{ min} = 69 \cdot 60 \text{ s} = 4140 \text{ s}$

```
 4140 s : 90 s = 46
–360
  540
 –540
    0
```

```
  46
+  1 (letzter Fahrer)
  47 Fahrer nehmen an.
     dem Rennen teil
```

b) $10 \text{ min} = 10 \cdot 60 \text{ s} = 600 \text{ s}$

```
   600 s
+   40 s
In 640 s durchfuhr Luisa die Strecke.
```

```
 3200 m : 640 s =  5 m pro s
–3200
     0
```

Luisa legte duchschnittlich 5 m pro Sekunde zurück.

184

3 · Tochter (Lehrer) + 6 · Tochter (Vater) + 1 · Tochter (Tochter) = 120 Jahre

10 · Alter der Tochter = 120 Jahre ———→ 120 : 10 = 12. Die Tochter ist 12 Jahre alt.

3 · 12 Jahre = 36 Jahre ist Lehrer Kniffel alt. Der Vater ist 72 Jahre alt.

Möchtest du dich entspannen? Male das Mandala bunt aus.
Ein Tipp: Du kannst zum Ausmalen leise Musik hören.

Quellenverzeichnis:

Therese Neumann: Kinder-Mini-Mandalas. Ein Malbuch. S. 26.
Schirner Verlag, Darmstadt 1999. ISBN 3-930944-35-9 www. schirner.com

Schriftliche Division

99 Familie Berger kauft einen Computer für 480 €. Die Hälfte des Kaufpreises zahlt sie sofort an. Der Rest wird in 10 gleichen Monatsraten bezahlt.

- Wie viel muss Familie Berger monatlich zahlen?

Einfache Aufgaben zu Monatsraten findest du ab Aufgabe 37.

100 Herr Schneider kauft sich ein Auto für 18 600 €. Für seinen alten Wagen bekommt er vom Autohändler 10 860 €. Den Restbetrag zahlt Herr Schneider in 9 Monatsraten.

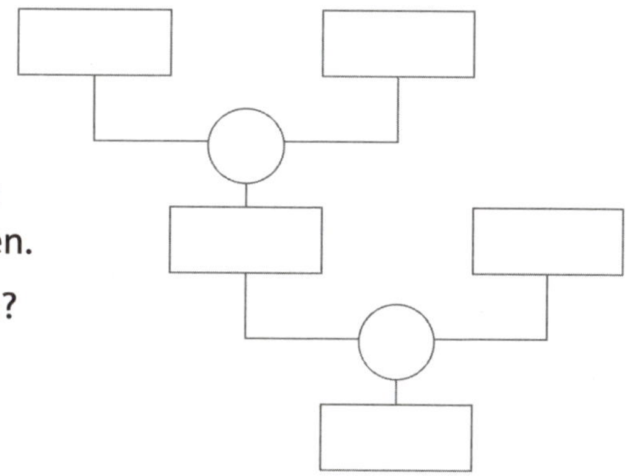

- Wie hoch ist eine Monatsrate?
- Übertrage die Zahlen in den Rechenbaum und setze die richtigen Rechenzeichen ein.
- Rechne mit Hilfe des Rechenbaums.

Denke daran: Zu jeder Sachaufgabe gehört auch ein Antwortsatz.

101 Franziska kauft 2 Ordner und 6 Farbstifte. Insgesamt bezahlt sie 19,20 €. Die beiden Ordner kosten genauso viel wie die 6 Farbstifte.

- Wie teuer ist 1 Ordner?
- Wie teuer ist 1 Farbstift?

102 Zwei Frauen kaufen mehrere Packungen Kaffee einer Sorte. Frau Hamster zahlt 17,25 €, Frau Sparsam nur 6,90 €.

▸ Was kostet 1 Packung Kaffee, wenn Frau Hamster 3 Packungen mehr gekauft hat als Frau Sparsam?

103 Frau Forster kauft für die Kinderzimmer **2 gleiche Regale** und **3 gleiche Stühle**. Ein Regal ist jeweils doppelt so teuer wie ein Stuhl. Sie bezahlt mit einem 500-€-Schein und bekommt 24 € zurück.

▸ Wie viel kostet ein Stuhl und wie viel kostet ein Regal?

Weitere Aufgaben dieser Art findest du bei den Nummern 47 bis 50 und 171.

104 Herr Gärtner kauft für sich und seinen Sohn Niklas ein Fahrrad. Beide Räder kosten zusammen 664 €. Das Rad von Herrn Gärtner ist um 294 € teurer als das Rad von Niklas.

▸ Finde selbst die Frage und rechne dann.

Schwierig? Dann schau dir noch einmal die Aufgaben 40 bis 42 an.

105 Rechenfitness: Welche Zahlen gehören in die Lücken?

2		7	·		3
				4	
				7	

	4		7	2	:	7	=	5		6
–										
	–	6	3							
			4							
		–								
				0						

Schriftliche Multiplikation und Division

106 Im Gemeindehaus wird ein Film vorgeführt. Daran nehmen 63 Erwachsene teil, von denen jeder 7 € Eintritt bezahlt. Kinder und Jugendliche brauchen nur 3 € Eintritt zu bezahlen.

- Wie viele Kinder und Jugendliche nehmen teil, wenn insgesamt 525 € Eintritt bezahlt werden?
- Wie viele Teilnehmer sind an diesem Abend insgesamt im Gemeindehaus?

Beachte: Die Teilungsaufgaben in diesem Lernprogramm gehen immer auf. Solltest du einen Rest bei der Rechnung haben, dann hast du dich irgendwo verrechnet. Versuche zunächst deinen Fehler zu finden, ehe du im Lösungsteil nachsiehst!

107 Ein Radfahrer will in 7 Tagen 680 km weit fahren. Während der ersten 5 Tage schafft er täglich 92 km.

- Wie viele km muss er dann täglich **mehr** zurücklegen, wenn er jeden Tag die gleiche Strecke fährt?

108 Herr Wegmann kauft einen Kleiderschrank für 535 € und einen Fernsehsessel für 320 €. Er bezahlt in Raten. In den ersten vier Monaten zahlt er je 65 €. Danach erhöht er die monatliche Rate, sodass er den noch fehlenden Betrag nach sieben weiteren Raten abgezahlt hat.

- Um wie viel erhöht er die monatliche Rate?

109 Der Benzintank eines Autos enthält zu Beginn einer Reise 43 l. Nachdem 480 km zurückgelegt sind, zeigt die Tankuhr nur noch 13 l an.

- Wie viele km kann man damit noch fahren?

Zauberei und Knobelei

110 Stelle deinen Freunden, Eltern oder Geschwistern diese Aufgabe. Du kannst sie damit überraschen:

„Merke dir eine Zahl zwischen 1 und 10!
Verdopple die Zahl!
Addiere 3!
Multipliziere mit 10!
Dividiere durch 2!
Subtrahiere 11!"

Lass dir nun das Ergebnis sagen, zum Beispiel: **104**!
Wenn du bei der Ergebniszahl die **Einerstelle weglässt**, so erhältst du die ausgedachte Zahl: Aus **104** wird **10**.

111 Ein Bauer hatte einen **Wolf**, eine **Ziege** und einen **Kohlkopf**, die er ins benachbarte Dorf bringen musste. Doch plötzlich stand er vor einem Fluss, an dessen Ufer sich ein Boot befand. Da das Boot so klein war, konnte er nur immer einen von den dreien mitnehmen. Der Bauer überlegte: **„Wie kann ich alle drei unversehrt ans andere Ufer bringen?"** Wenn er zuerst den Wolf hinüberbringen würde, dann würde am Ufer die Ziege den Kohlkopf fressen, würde er aber den Kohlkopf zuerst hinüberbringen, dann würde in der Zwischenzeit der Wolf die Ziege fressen.

▸ Weißt du, wie dieses Problem gelöst werden kann?

Zahlenrätsel mit schriftlichen Rechenverfahren

112 Fatima denkt sich eine dreistellige Zahl, die aus den Ziffern 1, 4 und 7 besteht. Wenn man diese Zahl durch 2 teilt, ist das Ergebnis kleiner als 100 und hat keinen Rest.

▸ Welche Zahl hat sich Fatima ausgedacht?

113 Zähle zu der Zahl 128 das 4-Fache von 273 dazu und ziehe vom Ergebnis das 7-Fache von 85 ab.

Tipp: Mathematische Fachbegriffe findest du nach Aufgabe **184** erklärt.

114 Nimm das Vierfache von 760 und subtrahiere davon den achten Teil von 2432. Zähle zum Ergebnis die Hälfte von 14 528 dazu.

115 Rechenfitness: Welche Zahlen bedeuten die Zeichen?

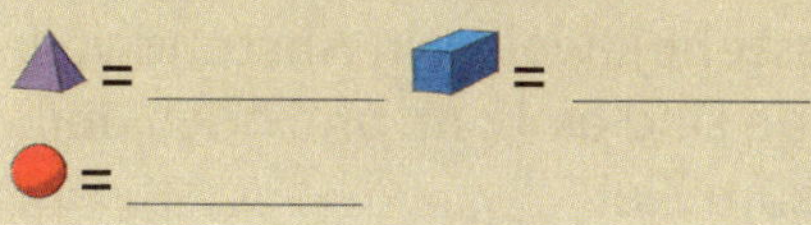

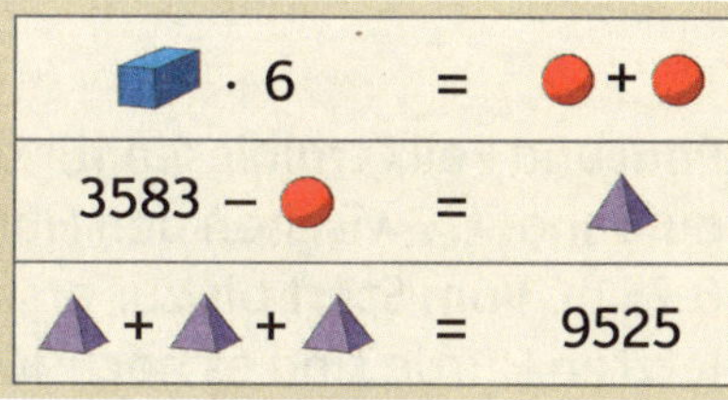

116 Drei Zahlen ergeben zusammen 10 000. Die erste Zahl ist das 17-Fache von 409. Die zweite Zahl ist der 13. Teil von 3861.

▸ Wie heißt die dritte Zahl?

Die schriftliche Division kannst du gut mit der Lernhilfe **Mathe trainieren**, Heft 74, üben.

117 Wenn du die gesuchte Zahl um das Zwölffache von der größten dreistelligen Zahl verminderst, erhältst du den 18. Teil der Zahl 89 766.

Größen: Längenmaße

118 Rechne um.

7 m = ________ cm		300 m = ________ km
5 cm = ________ m		8 cm = ________ mm
2,1 km = ________ m		27 mm = ________ cm
60 cm = ________ mm		0,5 cm = ________ mm

119 Bei diesem Bootssteg ist jeder Pfahl 2,80 m lang und steckt mit einem Viertel (= 4. Teil) seiner Länge im Kiesboden. Jeder Pfahl ragt 60 cm aus dem Wasser heraus.

▶ Wie tief ist das Wasser?

120 Paul und Felix trainieren für den Hürdenlauf. 9 Hürden wurden aufgebaut. Zwischen den Hürden besteht jeweils ein Abstand von 6,75 m. Vom Start bis zur ersten Hürde sind es 12 m, und nach der letzten Hürde sind es noch 10 m bis zum Ziel.

▶ Wie lang ist die gesamte Laufstrecke?

Mehr Aufgaben zu „Abständen" findest du ab Aufgabe 54.

121 Eine Schnecke kriecht in einem Brunnen jeden Tag 80 cm hoch und rutscht nachts wieder 50 cm herunter.

▶ Am wievielten Tag erreicht sie den 2 m hohen Brunnenrand?

Tipp: Berechne das Ergebnis für jeden Tag.

122 Tobias trainiert für eine Sportveranstaltung. Er läuft deshalb täglich einen Rundweg vom Stadttor bis zu einer Burgruine, von dort bis zu einer Kapelle und von der Kapelle zum Stadttor.

▶ Wie viele km legt er in 1 Woche (7 Tage) zurück?

123 Daniel fährt täglich (von Montag bis Freitag) mit dem Rad von Blumendorf nach Burgstadt zur Schule. Da in dieser Woche die Straße wegen Bauarbeiten gesperrt ist, muss er die längere Strecke über Fischbach fahren.

▶ Wie viele km muss er diese Woche **mehr** fahren als letzte Woche?

Beachte, dass Daniel **hin- und zurückfährt** und zwar **5-mal** in der Woche!

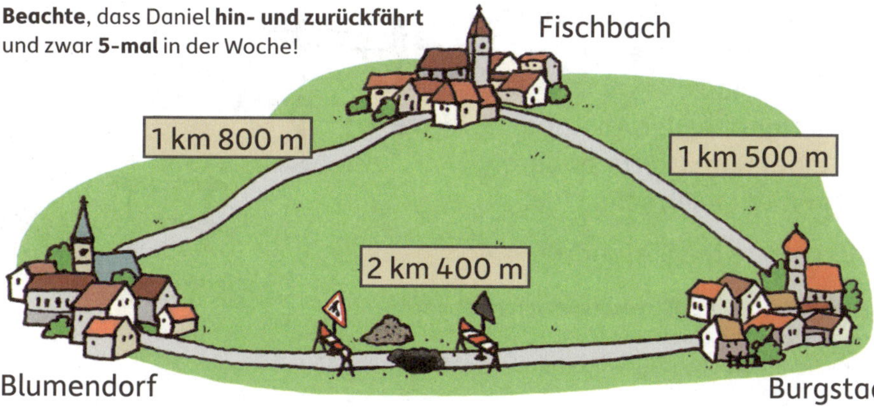

124 Lisa hat im vergangenen Schuljahr an 172 Tagen die Schule besucht. Darunter waren 41 Tage, an denen sie vormittags und nachmittags in die Schule gehen musste. In der Mittagspause ging sie wieder zu ihrer Wohnung, die 270 m von der Schule entfernt ist.

▶ Wie viele Kilometer und Meter hat sie im Laufe des Jahres auf ihrem Schulweg zurückgelegt?

125 Niklas bastelt für sein Baumhaus eine Strickleiter. Er nimmt **zwei** Seile, von denen jedes 3,60 m lang ist. Jede der acht Sprossen wird am linken und am rechten Seil mit jeweils **einem** Knoten festgeknotet. Für jeden Knoten braucht er 16 cm des jeweiligen Seils. Jedes Seil reicht 45 cm über die oberste Sprosse und 12 cm über die unterste Sprosse hinaus. Die Steighöhe, der Abstand von einer Sprosse zur anderen, soll immer gleich sein.

▶ Berechne die Steighöhe.

Tipp: Unterstreiche alle wichtigen Informationen und zeichne eine Skizze.
Einfachere Aufgaben dieser Art findest du ab Aufgabe 54.

Gewichte

1 t = 1000 kg
1 kg = 1000 g
1 g = 0,001 kg
Eine Übersicht zur Umrechnung findest du am Ende des Heftes.

126 Frau Heinemann muss an der Käsetheke die großen Käsestücke in kleinere Portionen aufteilen. Sie zerschneidet 1 kg Appenzeller in 2 gleich große Stücke, 1 kg Bergkäse in 4 gleich große Stücke und 1 kg Emmentaler in 5 gleich große Stücke.

▶ Wie viel wiegen die verschiedenen Stücke jeweils?

1 kg Appenzeller : 2 = ________ g

1 kg Bergkäse : 4 = ________ g

1 kg Emmentaler : 5 = ________ g

127 Da Frau Wegmann krank ist, schickt sie Finn zum Einkaufen. Er hat folgende Dinge eingekauft. $4\frac{1}{2}$ kg Kartoffeln, 3,25 kg Äpfel, 1,050 kg Zwiebeln, 250 g Butter, 80 g Schinken, 5 Becher Joghurt zu je 125 g und $\frac{1}{4}$ kg Käse.
Als die Mutter ihrem Sohn Finn die schwere Einkaufstasche abnimmt, sagt sie: „Du hast ja mehr als 10 kg getragen!“

▶ Hat die Mutter recht?

Tipp: Wandle alle Gewichte in Gramm um und rechne dann.

128 Ein Landwirt muss mit seinem Traktor über eine Brücke fahren, die höchstens mit 3 t belastet werden darf. Der Traktor wiegt 1,75 t, der Landwirt 75 kg, der leere Anhänger 630 kg und die Säcke auf dem Anhänger 655 kg.

- Darf der Landwirt über die Brücke fahren?
- Falls ja, gib an, wie viel er noch laden dürfte, falls nein, wie viel hat er zu viel geladen?

129 Ein Lastwagen, der leer 1500 kg wiegt, hat 900 kg Kartoffeln und 7 Fässer Sauerkraut zu je 60 kg geladen. Der Fahrer wiegt 75 kg. Im Tank befinden sich 65 l Benzin. 1 l Benzin wiegt 800 g.

- Darf der Fahrer mit dem Lastwagen über eine Brücke mit 3 t Höchstbelastung fahren?
- Falls ja, gib an, wie viel er noch laden dürfte, falls nein, wie viel hat er zu viel geladen?

130 Tante Juliane schickt ihrer Nichte Hannah zum Geburtstag ein Päckchen mit drei Tafeln Schokolade, die jeweils 120 g wiegen, und einige Pralinen, die 375 g schwer sind. Zwei schöne Bücher packt sie auch noch dazu. Die Bücher wiegen zusammen 0,930 kg.

- Wie schwer wird das Päckchen, wenn die Verpackung 150 g wiegt?
- Ein Päckchen darf höchstens 2 kg wiegen.
  Wie viele Schokoladentaler zu je 6 g kann sie noch dazupacken?

Achtung: Die Teilungsaufgabe geht nicht auf.

Flächen und Umfang

131 Lara und Ben möchten jeder ein Mosaik legen. Jeder Mosaikstein ist quadratisch und hat eine Seitenlänge von 10 cm.
Die beiden Bilder haben den **gleichen Umfang**:

Laras Bild ist 50 cm lang und 30 cm hoch.

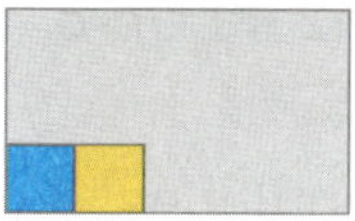

Bens Bild ist quadratisch und hat eine Seitenlänge von 40 cm.

▶ Brauchen die Kinder für ihre Bilder gleich viele Mosaiksteine?

132 Die gelb gekennzeichnete Fläche eines Grundstücks wird mit quadratischen Fliesen belegt, die eine Seitenlänge von 50 cm haben.

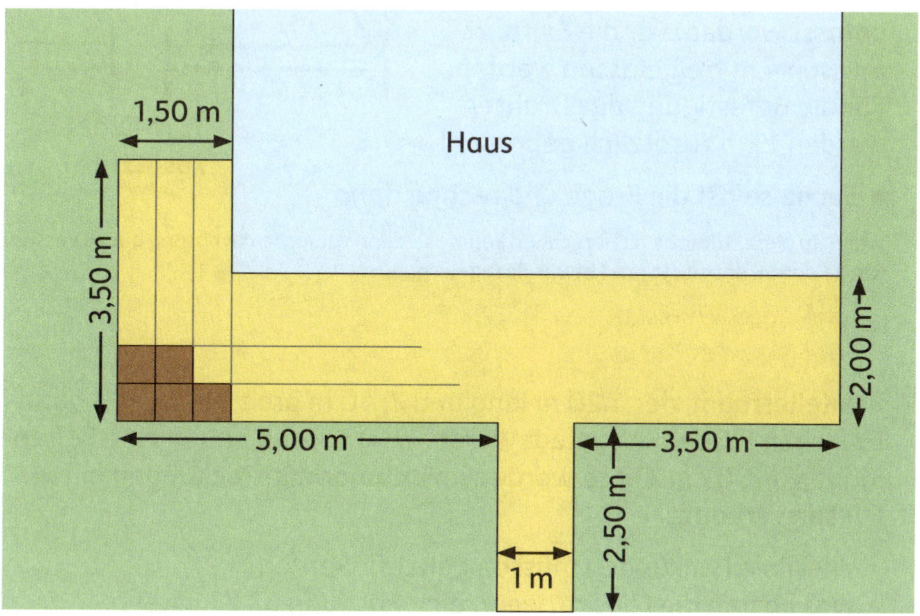

▶ Wie viele Fliesen werden gebraucht?

Tipp: Zerlege zum Rechnen die gelbe Fläche in 3 Teilflächen.

133 Ein rechteckiges Grundstück ist 27 m lang und 21 m breit. In einer Ecke steht ein Gartenhaus von 7 m Länge und 5 m Breite. Das Grundstück soll ab den Gartenhausecken eingezäunt werden. Dabei wird für die 4 m breite Einfahrt kein Zaun verwendet.
Bei der Firma NORD müsste Herr Bauer für den Maschendrahtzaun 1305 € zahlen.
Der Baumarkt SÜD bietet den Maschendrahtzaun für 12,90 € pro Meter an.

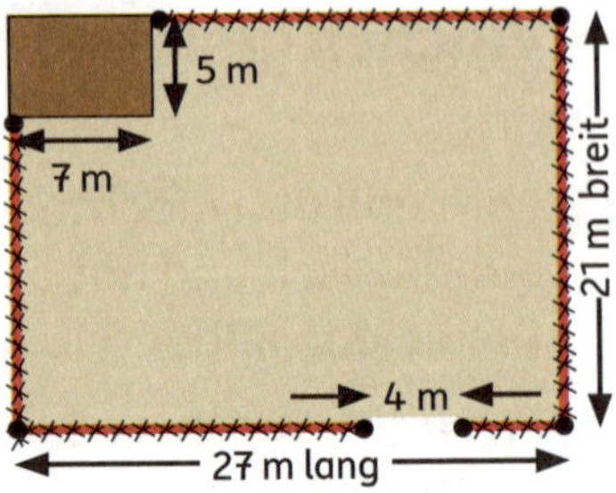

- Welches Angebot ist günstiger, und wie viel kann Herr Bauer insgesamt einsparen?

134 Eine rechteckige Weidefläche, die 162 m lang und 84,50 m breit ist, soll zweifach mit Draht eingefasst werden. Für die Einfahrt müssen 4 m freigelassen werden. Für die Befestigung des Drahtes werden 13 m zusätzlich gebraucht.

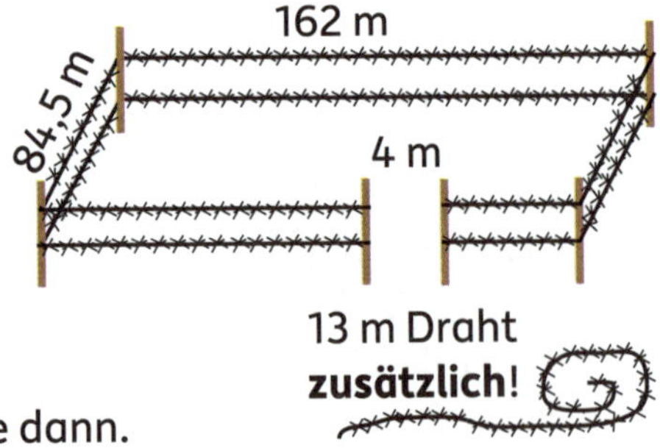

- Suche selbst die Frage und rechne dann.

Wenn du diese Aufgabe nicht rechnen konntest, dann versuche die Lösung gut zu verstehen. Denke daran, dass du ja jetzt etwas dazugelernt hast.

135 Ein Kellerraum, der 4,20 m lang und 2, 40 m breit ist, soll mit quadratischen Fliesen ausgelegt werden. Die Fliesen haben eine Seitenlänge von 30 cm. Diese werden im Baumarkt in Packungen mit 20 Fliesen verkauft.

- Wie viele Packungen müssen gekauft werden?
- Was kosten die Fliesen, wenn eine Packung 62 € kostet?

Achtung: Diese Aufgabe geht nicht auf. Es bleibt ein Rest.

136 Haben diese Quadrate gebogene Seiten?

▶ Prüfe mit dem Lineal, ob das stimmt.

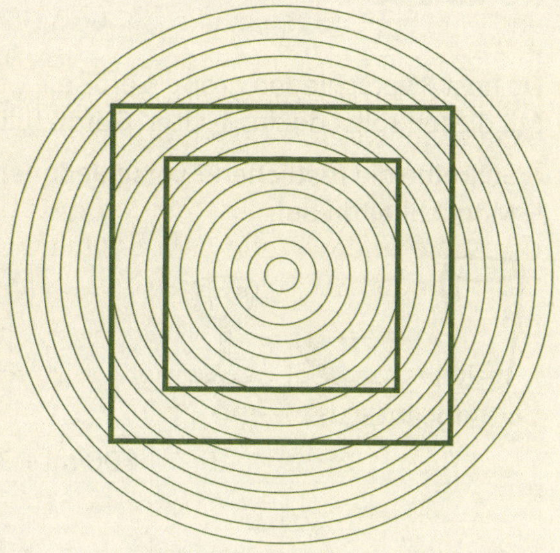

137 Eine rechteckige Baugrube ist 3 m 80 cm lang und 2 m 50 cm breit. Zur Sicherheit soll im Abstand von 50 cm um die Baugrube ein rotes Band gespannt werden.

▶ Wie lang muss das rote Band sein?

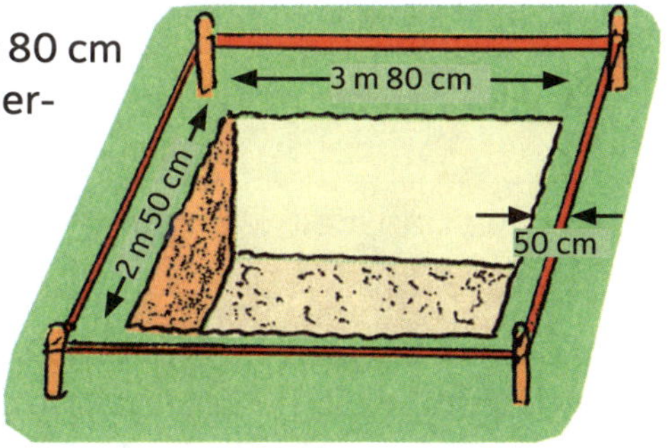

138 Um ein rechteckiges Wasserbecken, das 3,50 m lang und 2 m breit ist, werden quadratische Fliesen verlegt, die eine Seitenlänge von 50 cm haben.

▶ Zeichne das Becken mit den Fliesen im Maßstab 1:50.
▶ Suche selbst die Frage und rechne dann.

Tipp: **1 cm** deiner Zeichnung entsprechen **50 cm** in der Wirklichkeit.
Weitere Aufgaben zum Maßstab findest du ab Aufgabe 155.

Hohlmaße

139 Du hast 3 verschieden große Gefäße.
Mit diesen sollst du das 1-Liter-Gefäß füllen.

▸ Schreibe die restlichen 7 verschiedenen Möglichkeiten auf.

400 ml	150 ml	100 ml	
1	2	3	400 ml + 300 ml + 300 ml = 1000 ml

140 Alessia trinkt am Morgen $\frac{1}{4}$ l Tee. In der Schule trinkt sie 0,3 l Kakao und mittags 250 ml Orangensaft. Nachmittags trinkt sie 0,7 l Mineralwasser und abends 400 ml Früchtetee.

▸ Finde die Frage und rechne dann.

141 Bei Familie Forster tropft der Wasserhahn in der Küche.
Jede Sekunde gehen 2 ml Wasser verloren.

▸ Wie viele Liter und Milliliter sind das in einer Minute, in einer Stunde und an einem Tag?

142 In einem Geschäft wird Apfelsaft in Halbliterflaschen zu 80 ct und in 0,2-l-Päckchen zu 35 ct angeboten. Hanna möchte 1 l Apfelsaft kaufen, aber möglichst wenig dafür ausgeben.

- Was sollte sie kaufen? Vergleiche den Preis für 1 l Saft in Flaschen und 1 l Saft in Päckchen.
- Wie viel spart sie, wenn sie richtig wählt?

Ähnliche Aufgaben findest du auch ab Nummer 43.

143 Paul und Felix haben heute zusammen 5 Wasserflaschen leergetrunken. Paul hat dabei doppelt so viel getrunken wie Felix.

- Wie viel hat Felix, wie viel hat Paul getrunken? Gib das Ergebnis in l an.

750 ml pro Flasche

Schwierig? Dann sieh dir noch einmal die Aufgaben 47 bis 50 an.

144 Sind die Kugeln auf beiden Bildern an der gleichen Stelle?

Zeit

145 Anne verlässt um 14.52 Uhr das Haus und kommt um 16.10 Uhr zurück.

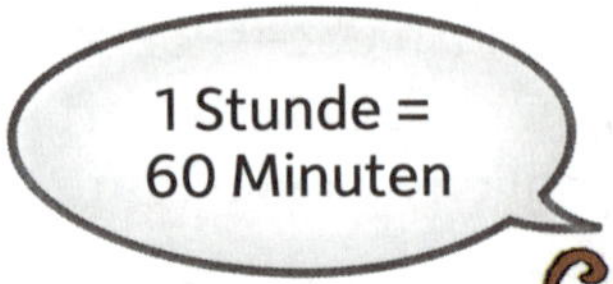

▶ Wie viel Zeit ist vergangen?

146 Jule durfte mit ihrem großen Bruder Lukas in den Zoo gehen.

Da es den beiden dort so gut gefiel, kamen sie 1 Stunde und 35 Minuten später nach Hause, als sie es ihren Eltern versprochen hatten, nämlich um 17.20 Uhr.

▶ Wann hätten die beiden zu Hause sein sollen?

147 Am Samstag fährt Jan mit seinem Vater zu einem Handballspiel. Es beginnt um 16.30 Uhr und ist um 17.55 Uhr zu Ende.

▶ Wie lange dauerte das Spiel?

148 Alina kommt am Freitag um 16.25 Uhr nach Hause. Sie war 1 Stunde und 10 Minuten beim Reiten. Für den Hin- und Rückweg brauchte sie jeweils 14 Minuten.

▶ Wann ist sie von zu Hause weggefahren?

149 Familie Scholz fuhr letzten Sommer in den Urlaub. Sie startete um 7.45 Uhr von zu Hause und kam um 11.45 Uhr an ihrem Ziel an. Unterwegs legte sie eine Pause von einer halben Stunde ein.

▶ Wie viele km war sie gefahren, wenn sie durchschnittlich 80 km in einer Stunde zurückgelegt hatte?

150 Familie Fröhlich macht einen Ausflug. Um 8.32 fährt sie mit ihren Fahrrädern von zu Hause weg und macht nach 1 Stunde 55 Minuten an einem Fischteich eine Pause, die 35 Minuten dauert. Danach fährt sie in 40 Minuten bis zu einer Burg. Die Burgbesichtigung dauert insgesamt 2 Stunden 20 Minuten. Der Rückweg dauert 1 Stunde 50 Minuten.

▶ Um wie viel Uhr kommt sie nach Hause?
▶ Wie lange dauert der gesamte Ausflug?

Tipp: Die Skizze soll dir beim Lösen der Aufgabe helfen.

151 Frau Müller fährt am Morgen um 7.35 Uhr von zu Hause weg und kommt um 17.00 Uhr wieder zurück. Für die Hin- und Rückfahrt zum und vom Büro braucht sie insgesamt 1 Stunde und 6 Minuten. Die Mittagspause in ihrer Firma dauert 45 Minuten.

▶ Wie lange arbeitet Frau Müller täglich?

152 Jakob und Lukas besuchen ihren Onkel mit dem Rad. Sie fahren 10 Minuten vor 9 Uhr ab. Um 10.20 Uhr legen sie eine Pause von 35 Minuten ein. 15 Minuten nach 12 Uhr treffen sie bei ihrem Onkel ein.

▶ Welche Strecke sind sie gefahren, wenn sie in der Minute 210 m zurückgelegt haben?

153 Ein Schwimmbecken fasst 2400 l. Um 7.30 Uhr wird der Wasserhahn geöffnet, um das Schwimmbecken zu füllen. In 1 Minute fließen 30 l hinein.

▶ Um wie viel Uhr ist das Schwimmbecken voll?

154 In einen Wasserbehälter passen 800 Liter. Der Wasserbehälter wird aus zwei Röhren gefüllt. Durch die eine Röhre fließen 3 Liter je Sekunde, durch die andere Röhre fließen nur 2 Liter je Sekunde.

▶ Nach wie vielen Minuten und Sekunden ist der Behälter voll, wenn beide Röhren gleichzeitig (gleich lang) geöffnet sind?

Wichtig: Denke immer auch daran, dir einen Antwortsatz zu überlegen.

Maßstab

155 Diese Jungen sind im Maßstab 1:50 gezeichnet.

▶ Wie groß sind sie in Wirklichkeit?

156 Dies ist das Kinderzimmer von Luca. Seine Eltern wollen ihm einen Schreibtisch kaufen. Deshalb hat Luca sein Zimmer im Maßstab 1:100 gezeichnet. Er will den Schreibtisch ans Fenster zwischen Schrank und Bett stellen.

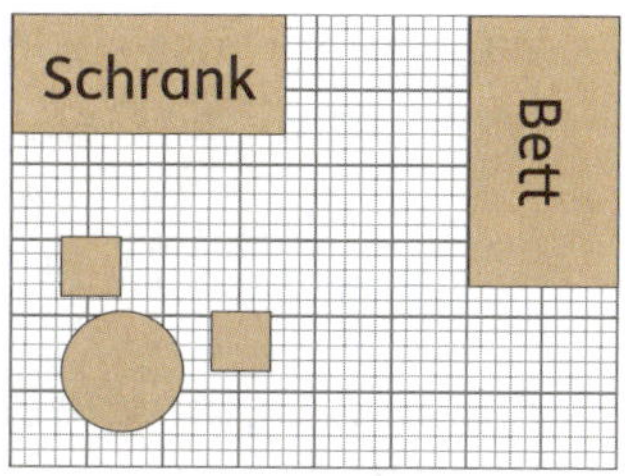

▶ Wie **breit** darf der Schreibtisch höchstens sein? Gib dein Ergebnis in m an.

157 Die Klasse 4b macht einen Wandertag. Auf einer Landkarte mit dem Maßstab 1:25 000 ist ihr Weg 24 cm lang.

▶ Wie lang ist der Weg in der Wirklichkeit?

▶ Wie lange wäre der gleiche Weg auf einer Karte, wenn sie den Maßstab 1:50 000 hätte?

Schwierige Aufgaben – Fit zum Übertritt

158 An einem Samstag besuchten insgesamt 610 Personen das Freibad. Es waren 4-mal so viele Kinder wie Erwachsene.

▶ Wie viele Kinder waren im Freibad?

Tipp: Ähnliche Aufgaben findest du ab Aufgabe 47.

159 Die Firma Reinlich hat 15 gleiche Staubsauger für insgesamt 1710 € beim Großhändler gekauft.

▶ Wie teuer muss sie jeden einzelnen Staubsauger verkaufen, wenn sie einen Gesamtgewinn von 540 € haben will?

160 Auf einem Lieferwagen, der mit 2 t beladen werden kann, liegen 800 kg Weizen, 350 kg Kartoffeln und 482 kg Kraut.

▶ Wie viele Kisten mit Obst können noch dazugeladen werden, wenn eine Kiste 16 kg wiegt?

Die schriftliche Division kannst du gut mit der Lernhilfe: **Mathe trainieren**, Heft 74, üben.

161 Ein Wanderer will in 8 Tagen 220 km gehen. Während der ersten fünf Tage schafft er täglich 26 km.

▶ Wie viele Kilometer muss er an den restlichen Tagen dann täglich mehr gehen, wenn er an jedem Tag die gleiche Strecke geht?

Denke daran, Sachaufgaben **genau** zu lesen.

162 Ein Stuhl und ein Regal kosten zusammen 270 €. Der gleiche Stuhl und ein Tisch kosten zusammen 230 €. Das gleiche Regal und der gleiche Tisch kosten zusammen 340 €.

▶ Wie viel kostet ein Stuhl, wie viel ein Regal und wie viel ein Tisch?

163 Ein Tunnel, der 513 m lang werden soll, wird von zwei Baufirmen gleichzeitig gebaut. Die Baufirma Langsam arbeitet an einem Ende und schafft jeden Tag 3,50 m. Die Baufirma Schnell arbeitet am anderen Ende und schafft täglich 5,50 m.

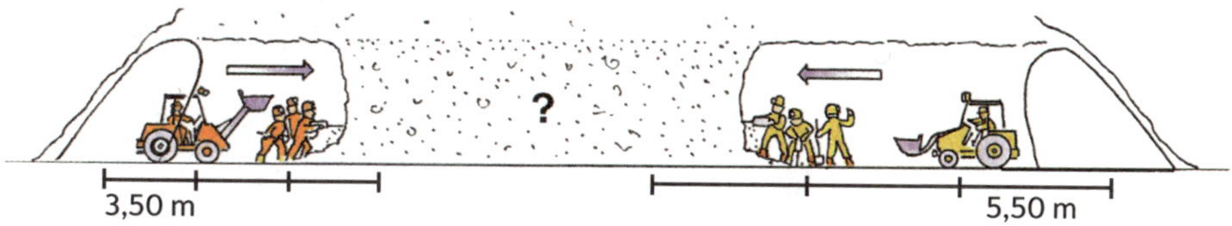

▶ Nach wie vielen Tagen ist der Tunnel fertig?
▶ Wie viele Meter Tunnel schafft jede Baufirma?

Tipp: Überlege, wie viele Meter die beiden Baufirmen am Tag gemeinsam schaffen.

164 In der Klasse 4a haben 5 Kinder eine Katze und 8 Kinder einen Hund. 2 dieser Kinder haben eine Katze **und** einen Hund. 14 Kinder haben weder einen Hund noch eine Katze.

▶ Wie viele Kinder sind in der Klasse?

Tipp: Mache eine Skizze! Zeichne Katzen und Hunde auf und ordne sie den Kindern zu.

165 In einem Geschäft sind die Preise für Wurst und Käse ausgezeichnet. Frau Jäger kauft 500 g Bergkäse, 150 g Schinken, 250 g Emmentaler und 200 g Aufschnitt. Sie zahlt insgesamt 15,90 €.

100 g	Schinken	1,70 €
1 kg	Bergkäse	15,80 €
1 kg	Emmentaler	12,60 €
100 g	Aufschnitt	?

▸ Wie viel kosten 100 g Aufschnitt?

166 Ein Fahrrad und ein Fahrradhelm kosten zusammen 230 €. Das Fahrrad ist um 200 € teurer als der Fahrradhelm.

▸ Wie viel kostet der Fahrradhelm und wie viel kostet das Fahrrad?

Tipp: Wenn du die **Probe** machst, kannst du feststellen, ob du richtig gerechnet hast.

167 In einer Klasse nimmt jedes Kind an **mindestens einem** Nachmittagsangebot teil. 15 Kinder gehen in einen Fußballverein, 7 Kinder spielen ein Instrument.
Achtung: Vier dieser Kinder gehen in den Fußballverein **und** spielen auch ein Instrument.
2 Kinder tanzen nur Ballett und 5 Kinder singen nur im Chor.

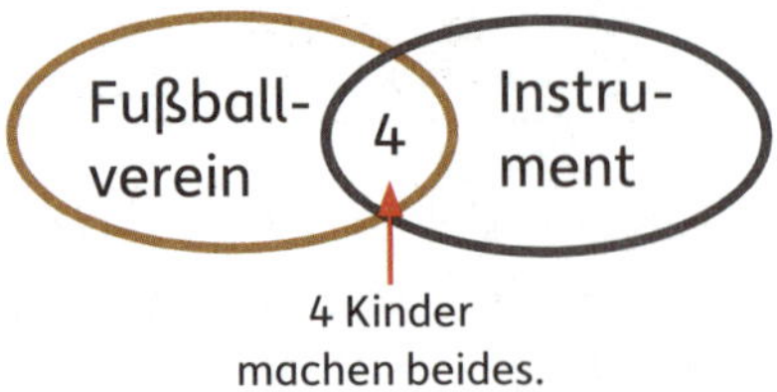

▸ Wie viele Kinder sind in dieser Klasse?

Denke daran, dass ein **Antwortsatz** zu jeder Sachaufgabe dazugehört!

168 Eine Grundschule mit 124 Kindern und 6 Lehrern macht einen Ausflug. Es werden 3 Busse eingesetzt, deren Plätze alle belegt werden. Zwei Busse sind gleich groß, der dritte Bus hat 11 Plätze weniger.

▸ Wie viele Plätze hat der kleinere Bus?

169 Als Anne 10 Jahre alt war, war ihre Mutter 34 Jahre alt. Jetzt ist ihre Mutter doppelt so alt wie Anne.

▸ Wie alt sind Anne und ihre Mutter jetzt?

170 Drei Klassen mit 23 und 25 und 28 Schülern machen mit ihren drei Lehrern einen Ausflug. Dabei unternehmen sie eine Stadtrundfahrt mit einer Pferdekutsche.

a) Der Fahrpreis beträgt für jeden Schüler 1,30 €, für jeden Lehrer 2,40 €. Ein Lehrer bezahlt für alle mit zwei 100-Euro-Scheinen.

▸ Wie viel Geld bekommt er zurück?

b) In der Kutsche haben 14 Personen Platz. Eine Rundfahrt dauert 15 Minuten.

▸ Wie lange dauert es, bis alle gefahren sind?

Beachte: Diese Aufgabe geht nicht auf. Es bleibt ein Rest.

171 Julia kauft im Sonderangebot 3 gleiche Tafeln Schokolade und 4 gleiche Schachteln Pralinen für insgesamt 26,95 €. Sarah kauft auch 3 Tafeln Schokolade, aber nur 1 Schachtel Pralinen und bezahlt dafür 9,55 €.

▸ Wie viel kostet 1 Schachtel Pralinen?

▸ Wie viel kostet 1 Tafel Schokolade?

Vermeide **Leichtsinnsfehler**, weil sonst die Aufgaben nicht mehr aufgehen!

172 Brigitte kauft 5 kg Äpfel und bezahlt mit einem 10-€-Schein. Sie bekommt vom Obständler so viel Geld zurück, wie 3 kg Äpfel kosten.

▸ Wie teuer ist 1 kg Äpfel?

Tipp: Wandle die € in Cent um.

173 Für einen Schulausflug sammelt der Klassensprecher von jedem der 26 Mitschüler 8 € ein. Er selbst zahlt auch den gleichen Betrag in die Klassenkasse. Der Gesamtpreis für die Hin- und Rückfahrt beträgt für alle 130 €. Der Eintritt in den Tierpark kostet für alle 43,65 €. Am Ende bekommt jedes Kind ein Eis für jeweils 1,35 €.

▶ Wie viel Geld bleibt dann noch übrig?

174 Landwirt Durstig hat 14,4 t Äpfel geerntet. Mit seinem Traktor möchte er diese Äpfel zur 17 km entfernten Fabrik fahren, wo sie zu Saft verarbeitet werden. Bei jeder Fahrt darf er seinen Anhänger aber höchstens mit 3 t beladen.

▶ Wie oft muss Landwirt Durstig mindestens fahren, um alle Äpfel zur Fabrik zu befördern? Achtung: Diese Aufgabe geht nicht auf. Es bleibt ein Rest.

▶ Wie viele km hat er dabei insgesamt zurückgelegt, wenn er nach der letzten Fahrt wieder zu Hause ankommt?

▶ Wie viele Liter Apfelsaft ergeben Durstigs Äpfel insgesamt, wenn aus jeder Kiste mit 18 kg Äpfeln 13 l Saft gepresst werden können?

175 Ein Obsthändler kauft 130 kg Äpfel, das Kilo zu 1,80 €. Außerdem nimmt er noch 4 Kisten Weintrauben, 1 Kiste zu 37 € und 17 kg Pflaumen. Für alles bezahlt er 412, 60€.

▶ Was kostet 1 kg Pflaumen?

176

Diese Waage ist im Gleichgewicht. Auf der linken Seite liegen zwei Kugeln, von denen die größere 3-mal so schwer ist wie die kleinere.

▶ Wie viel wiegt jede Kugel?

Schwierig? Dann sieh dir noch einmal die Aufgaben 47 bis 50 an.

177 Ein Fahrradgeschäft hat Fahrräder und Dreiräder. Es sind insgesamt 40 Fahrzeuge. Wenn man alle Reifen dieser Fahrzeuge zusammenzählt, dann erhält man 93.

▶ Wie viele Dreiräder und wie viele Fahrräder befinden sich im Laden?

178 Markus und Sebastian wollen sich nachmittags treffen, um gemeinsam einen Ausflug zu machen. Sie wohnen 3,2 km voneinander entfernt und fahren mit dem Rad einander entgegen. Markus fährt 400 m mehr als Sebastian.

▶ Wie viele m ist jeder gefahren?

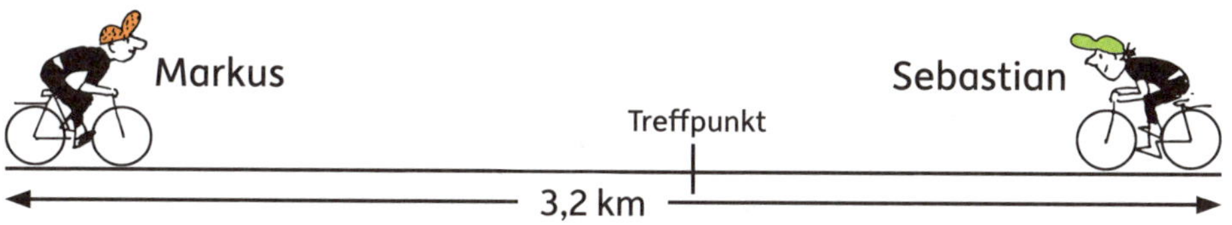

179 Eva und Laura wollen sich zum Baden an einem See treffen. Eva wohnt 8 Kilometer vom See entfernt. Sie radelt um 14.50 Uhr los und braucht für jeden Kilometer 3 Minuten und 30 Sekunden. Laura muss 9 Kilometer zum See fahren. Sie startet um 14.45 Uhr und schafft 300 Meter pro Minute. Weil ihre Fahrradkette herausspringt, muss Laura die Fahrt für fünf Minuten unterbrechen.

▶ Welche der beiden Freundinnen ist eher am Ziel?
▶ Wie lange muss sie auf die andere warten?

180 Auch Marie und ihr Bruder Tim radeln an den See. Sie starten gleichzeitig und nehmen den gleichen Weg. Marie schafft mit ihrem Fahrrad in einer Stunde 14 km 400 m, ihr Bruder Tim legt mit seinem Rennrad in einer Sekunde 5 m zurück.

▶ Wer von beiden hat nach 7 Minuten einen Vorsprung und wie groß ist dieser?

181

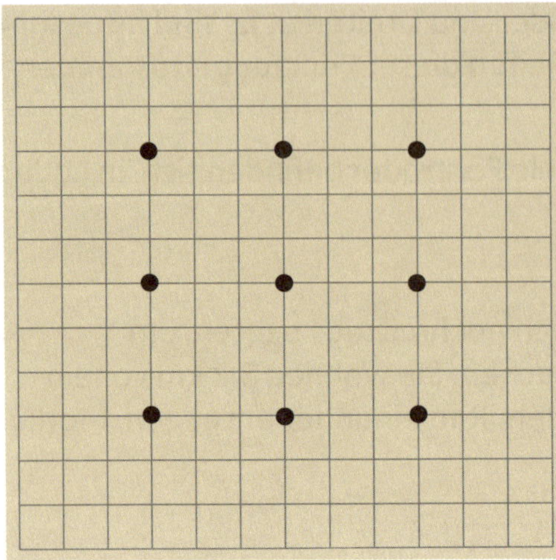

Kannst du alle 9 Punkte mit 4 geraden Linien verbinden, ohne dabei den Bleistift abzusetzen? Es gibt mehrere Möglichkeiten, aber bei allen musst du 2-mal über das **Punktemuster hinausziehen**.

182 Bei einem Wettlauf gehen 25 Kinder an den Start.

▶ Welchen Platz belegt Anna, wenn hinter ihr 3-mal so viele Kinder ankommen wie vor ihr?

183 Auf einer 3200 m langen Strecke findet ein Geländerennen mit Fahrrädern statt. Die Fahrer starten in einem Abstand von 90 Sekunden.

a) Der erste Fahrer startet um 10.35 Uhr, der letzte um 11.44 Uhr.

▶ Wie viele Fahrer nehmen an dem Rennen teil?

b) Luisa durchfuhr die Rennstrecke in 10 Minuten und 40 Sekunden.

▶ Wie viele Meter legte sie durchschnittlich pro Sekunde zurück?

Denke daran, möglichst oft eine Skizze zu machen.

184 Lehrer Kniffel ist für seine Zahlenrätsel bekannt. Nach seinem Alter gefragt antwortet er:
„Ich bin dreimal so alt wie meine Tochter. Mein Vater ist doppelt so alt wie ich. Alle drei zusammen sind wir 120 Jahre alt.“

Größen

Maßeinheiten des Geldwertes:

1 € = 100 ct   1 ct = 0,01 €

Maßeinheiten der Länge:

km = Kilometer	1 km = 1 000 m	1 m = 0,001 km
m = Meter	1 m = 100 cm	1 cm = 0,01 m
cm = Zentimeter	1 cm = 10 mm	1 mm = 0,1 cm
mm = Millimeter	(Kilo bedeutet 1000.)	

Maßeinheiten der Zeit:

	abgekürzte Schreibweisen:
1 Tag = 24 Stunden	24 Std. oder 24 h
1 Stunde = 60 Minuten	60 Min. oder 60 min
1 Minute = 60 Sekunden	60 Sek. oder 60 s

Maßeinheiten des Gewichts:

t = Tonne	1 t = 1 000 kg	1 kg = 0,001 t
kg = Kilogramm	1 kg = 1 000 g	1 g = 0,001 kg
g = Gramm	(Kilo bedeutet 1000.)	

Maßeinheiten des Rauminhalts (Hohlmaße):

l = Liter	1 l = 1 000 ml
ml = Milliliter	1 ml = 0,001 l
hl = Hektoliter	1 hl = 100 l (Hekto bedeutet 100.)

Maßstab:
1: 500 bedeutet, dass 1 cm auf der Karte in Wirklichkeit 500 cm, also 5 m sind.

Fachbegriffe

Addition/addieren	Plusrechnung/zusammenzählen: 3 + 5 = 8 → 8 ist die Summe aus 3 und 5.
Differenz	Ergebnis einer Subtraktion
Division/dividieren	Teilungsaufgabe/teilen
Doppelte von	2 · (mit 2 malnehmen)
Fache von	z. B. das 3-Fache von 6 bedeutet: 3 · 6 (mit 3 malnehmen)
gerade Zahl	Zahl, die auf 0, 2, 4, 6 oder 8 endet; ist durch 2 teilbar; z. B. 12**4**
halbieren/Hälfte von	: 2 (durch 2 teilen)
hinzufügen	→ addieren
je/zu je	z. B. Flasche **zu je 4 €** bedeutet: **Jede** Flasche kostet **4 €**. → siehe Aufgabe **5**
Multiplikation/ multiplizieren	Malaufgabe/malnehmen
Pfeilskizze	Rechenkette → siehe vor Aufgabe **51**
Produkt	Ergebnis einer Multiplikation
Quotient	Ergebnis einer Division
Ratenzahlung	→ siehe vor Aufgabe **37**
Rechenbaum	→ siehe Aufgabe **100**
Rechentabelle	→ siehe Aufgabe **43**
Runden	≈ bedeutet: „ist ungefähr“ abrunden bei 0, 1, 2, 3, 4 aufrunden bei 5, 6, 7, 8, 9 z. B. 1306 ≈ 1300 (auf **Hunderter** gerundet) 7641 ≈ 8000 (auf **Tausender** gerundet)
Streifenmodell	→ siehe Aufgabe **19**
stündlich	in jeder Stunde
Subtraktion/ subtrahieren	Minusrechnung/abziehen: 8 – 3 = 5 → 5 ist die Differenz von 8 und 3.
Summe	Ergebnis einer Addition

Teil von/Teil einer Zahl	z. B. 3. Teil von 6; 6 : 3 = 2 (durch 3 teilen)
Überschlag	Rechnung mit gerundeten Zahlen; ein ungefähres Ergebnis wird erzielt
ungerade Zahl	Zahl, die auf 1, 3, 5, 7 oder 9 endet
Unterschied	→ Differenz
verdoppeln	· 2 (mit 2 malnehmen)
Vergleich	ist gleich/ist kleiner als/ist größer als
vermehren	→ addieren
vermindern/verringern	→ subtrahieren
vervielfachen	→ multiplizieren
Ziffer	0, 1, 2, 3, 4, 5, 6, 7, 8 und 9 z. B. Die Zahl 653 besteht aus drei Ziffern: 6, 5 und 3. → gerade/ungerade Zahl

Stichwortverzeichnis

Ein Pfeil → bedeutet: Schau nach bei ...

blauer Text: inhaltliches Thema einer Aufgabe; schwarzer Text: mathematisches Thema einer Aufgabe

grün = leichte orange = etwas schwierigere rot = schwierige Aufgaben